AF306098

TRAITÉ ÉLÉMENTAIRE

DE

GÉOMÉTRIE DESCRIPTIVE

PAR

EUGÈNE CATALAN

ANCIEN ÉLÈVE DE L'ÉCOLE POLYTECHNIQUE, DOCTEUR ÈS SCIENCES,
AGRÉGÉ DE L'UNIVERSITÉ, MEMBRE DE LA SOCIÉTÉ PHILOMATHIQUE, CORRESPONDANT
DES ACADÉMIES DES SCIENCES DE TOULOUSE, LILLE, LIÉGE,
ET DE LA SOCIÉTÉ D'AGRICULTURE DE LA MARNE.

TROISIÈME ÉDITION, REVUE ET AUGMENTÉE

TEXTE

PARIS

DUNOD, ÉDITEUR

SUCCESSEUR DE VICTOR DALMONT,

Précédemment Carilian-Gœury et V^{or} Dalmont,

LIBRAIRE DES CORPS IMPÉRIAUX DES PONTS ET CHAUSSÉES ET DES MINES,

Quai des Augustins, 49.

1865

baccalauréat ès sciences et aux Écoles de marine et de Saint-Cyr, précédée d'une introduction à l'usage des élèves de la classe de troisième. 6e édition, in-8, fig. (seule). 3 fr. 50

LA DEUXIÈME PARTIE, à l'usage des élèves de mathématiques spéciales et des candidats aux Écoles polytechnique et normale supérieure. 4e édition. 1 vol. in-8, fig. (seule) 4 fr. 50 c.

ÉQUATIONS. RÉSOLUTION DES ÉQUATIONS TRANSCENDANTES; par le docteur **M. A. STERN**, *professeur à l'Université de Goettingue.* Ouvrage couronné par la Société des sciences de Danemark; traduit et annoté par **E. Lévy**, *agrégé des Sciences.* In-8 avec figures dans le texte. 1 fr. 75 c.

La résolution des équations transcendantes est exigée pour l'admission à l'École polytechnique. — C'est une des théories mentionnées dans le Programme officiel.

Les Traités d'algèbre sont, à ce sujet, tout à fait insuffisants. — La publication du travail remarquable du Dr STERN est un véritable service rendu à l'enseignement.

COSMOGRAPHIE. COURS DE COSMOGRAPHIE, OU ÉLÉMENTS D'ASTRONOMIE, comprenant les matières du *nouveau programme* arrêté pour l'enseignement des lycées; par **Ch. Briot**, *professeur de mathématiques spéciales au lycée Saint-Louis, etc.* 3e édition, conforme au programme de l'enseignement des lycées. 1 beau vol. in-8, avec 100 figures dans le texte et 5 planches gravées, dont 2 à l'*aqua-tinta.* Paris, 1860. 5 fr.

Cet ouvrage répond à toutes les questions d'examen pour l'admission aux Écoles polytechnique et de Saint-Cyr, et pour le baccalauréat ès sciences.

Le journal de l'*Instruction publique* s'exprime ainsi à propos de ce nouveau *Cours de Cosmographie :*

« . . . . Les définitions « y sont claires, complètes et in- « téressantes ; M. BRIOT se sou- « vient toujours qu'il parle à de « jeunes intelligences auxquelles il « enseigne une science toute nou- « velle ; on dirait qu'il s'efforce de « la faire découvrir par la réflexion « et le bon sens à l'aide des con- « naissances que les enfants ont « déjà acquises. Parmi tant d'au- « tres détails curieux et faciles à « saisir par la manière dont ils « sont exposés, nous citerons le « chapitre où il est question des « *Étoiles filantes* et des *Aéro-* « *lithes.* En outre, un complément « placé à la fin du volume met « les élèves au courant des décou- « vertes et des travaux récents de « la science.

THÉORÈMES ET PROBLÈMES DE GÉOMÉTRIE ÉLÉMENTAIRE, avec leur démonstration et leur solution raisonnée; ouvrage destiné à tous les aspirants au baccalauréat et aux Écoles du gouvernement; par **E. Catalan**, *docteur ès sciences, agrégé de l'Université, etc.* 3e édition, refondue et considérablement augmentée. 1 beau vol. in-8, avec 15 planches. 6 fr.

GÉOMÉTRIE. ÉLÉMENTS DE GÉOMÉTRIE comprenant LA GÉOMÉTRIE PURE ET APPLIQUÉE ; ouvrage conforme au nouveau programme et aux instructions ministérielles de 1854. 2 parties in-8 avec 442 figures dans le texte, et 5 planches gravées ; par **A. Eudes**, *professeur au lycée Napoléon.* 6 fr. 25 c.

On vend séparément :

La géométrie pure. 1 vol. in-8 avec 344 figures. 4 fr.

La géométrie appliquée. 1 vol. in-8 avec 98 figures et 5 planches gravées. 2 fr. 25 c.

La *Géométrie pure* est divisée en 7 livres suivis d'un supplément sur les courbes usuelles ; on y trouve une théorie du contact et de l'intersection des cercles dégagée de tout raisonnement par la réduction à l'absurde, des démonstrations simplifiées sur la mesure des angles inscrits, sur les relations numériques entre les côtés d'un triangle, sur le rapport des aires des figures semblables, sur celui des volumes des polyèdres semblables, sur la surface du tronc de cône, sur l'égalité des angles que forme soit la tangente à l'ellipse avec les rayons vecteurs menés au point de contact, soit la tangente à la parabole avec le rayon vecteur mené au point de contact et avec l'axe.

La *Géométrie* appliquée contient les premières notions sur le levé des plans, les projections et le nivellement. Dans un appendice sur les projections, on a complété la partie de la géométrie descriptive qui concerne la ligne droite et le plan, en employant la méthode du changement de plans de projection appliquée seulement au plan vertical ; on y trouve comme exercices la construction générale des cadrans solaires et la manière de se servir de la projection d'un cube pour projeter un ouvrage de charpente, un banc, par exemple.

Les énoncés d'environ 200 problèmes et théorèmes accompagnés de numéros de renvoi aux diverses parties des *Éléments* auxquels ils se rapportent, offrent aux élèves des sujets d'exercices faciles sur toutes ces parties.

TRIGONOMÉTRIE. LEÇONS DE TRIGONOMÉTRIE rectiligne et sphérique, à l'usage des candidats au baccalauréat ès sciences et aux Écoles spéciales du gouvernement; par **Roguet**, *professeur.* 3e édition, revue avec soin et rédigée conformément au programme officiel de l'enseignement scientifique des lycées. In-8, avec figures dans le texte. Paris, 1860. 2 fr. 50 c.

TRIGONOMÉTRIE. LEÇONS DE TRIGONOMÉTRIE rectiligne et sphérique, à l'usage des élèves des lycées et des candidats au baccalauréat et aux écoles spéciales ; par **E. Rouché**, *ancien élève de l'École polytechnique, professeur au lycée Charle-*

magne, et **L. Lacour**, *professeur au lycée Charlemagne*. 1 vol. in-8, avec figures intercalées dans le texte. 3 fr. 50 c.

Les seize premières leçons renferment les matières exigées pour l'admission au baccalauréat ès sciences, à l'Ecole navale et à l'Ecole de Saint-Cyr; les suivantes s'adressent aux élèves de mathématiques spéciales. Chaque chapitre contient, outre les exercices résolus, et imprimés en petit caractère, un grand nombre de questions énoncées que les élèves studieux s'exerceront utilement à résoudre. Les leçons qui traitent de l'usage des tables et de l'application de la trigonométrie au levé des plans ont été l'objet d'un soin particulier ; dans la première, chaque règle est suivie d'un exemple qui en fixe le sens, et dans la seconde, des applications numériques nombreuses et variées permettent au lecteur d'acquérir cette habitude des calculs à laquelle on ne saurait attacher trop de prix. On trouvera enfin dans cet ouvrage des démonstrations simples et nouvelles des formules relatives à la réduction des arcs, de la formule de Lhuillier et du théorème de Legendre.

GÉOMÉTRIE ANALYTIQUE.

LEÇONS DE GÉOMÉTRIE ANALYTIQUE à deux et à trois dimensions, à l'usage des candidats aux Écoles polytechnique et normale, précédées d'une introduction renfermant les premières notions sur les courbes usuelles exigées des candidats au baccalauréat ès sciences; ouvrage entièrement conforme aux programmes de 1852 pour l'enseignement scientifique des lycées; par **Roguet**, professeur, 2e édition, revue et augmentée. 1 vol. in-8, avec les figures dans le texte. 7 fr. 50 c.

ANALYSE.

RÉSUMÉ DES LEÇONS D'ANALYSE données à l'École polytechnique ; par **Navier**, *membre de l'Institut, professeur d'analyse et de mécanique à l'École polytechnique, etc.* 2e édition, revue et annotée par M. **Liouville**, *membre de l'Institut, etc.* 2 volumes in-8, avec planches. 10 fr.

GÉOMÉTRIE DESCRIPTIVE.

TRAITÉ ÉLÉMENTAIRE DE GÉOMÉTRIE DESCRIPTIVE, renfermant toutes les matières exigées pour l'admission à l'Ecole polytechnique, le baccalauréat, etc.; par **E. Catalan**, *docteur ès sciences, agrégé de l'Université, etc.* Nouvelle édition, 2 parties in-8, avec atlas de 28 planches. 7 fr. 50 c.

Chaque partie se vend séparément :

1re *partie :* La ligne droite et le plan. 3e édition, in-8, avec atlas de 11 planches. 4 fr.

2e *partie :* Problèmes sur les surfaces, in-8, avec atlas de 17 planches. 4 fr.

GÉOMÉTRIE DESCRIPTIVE.

TRAITÉ COMPLET DE GÉOMÉTRIE DESCRIPTIVE; par **Th. Olivier**, *docteur ès sciences, professeur de Géométrie descriptive au Conservatoire des arts et métiers, répétiteur à l'Ecole polytechnique, professeur-fondateur de l'Ecole centrale des arts et manufactures, etc.*; ouvrage divisé en plusieurs parties, qui se vendent chacune séparément :

1° COURS DE GÉOMÉTRIE DESCRIPTIVE. 2e édition revue et augmentée ; deux parties in-4, avec un atlas de 97 planches. 22 fr.

La 1re *partie :* DU POINT, DE LA DROITE ET DU PLAN. 2e édition, revue et augmentée. 2 vol. in-4, dont 1 de 43 planches.

Cette première partie contient tout ce qui est relatif à l'écriture et à la notation graphique, à la méthode du changement des plans de projection et à celle du mouvement de rotation; elle contient en outre les notions élémentaires sur les ombres, la perspective et les plans cotés.

La 2e *partie :* DES COURBES ET DES SURFACES COURBES, et en particulier DES SECTIONS CONIQUES ET DES SURFACES DU SECOND ORDRE. 2e édition. 2 forts vol. in-4, dont 1 de 54 planches. (Cette 2me partie se vend séparément.) 12 fr. 50 c.

La deuxième partie forme le traité le plus complet qui existe sur les courbes et sur les surfaces ; tout y est démontré par les méthodes de projection, sans avoir recours à l'analyse.

2° ADDITIONS AU COURS DE GÉOMÉTRIE DESCRIPTIVE; démonstration nouvelle des propriétés des sections coniques. In-4, avec 15 planches. 4 fr.

3° DÉVELOPPEMENTS DE GÉOMÉTRIE DESCRIPTIVE. 2 vol. in-4, dont 1 de pl. 18 fr.

4° COMPLÉMENTS DE GÉOMÉTRIE DESCRIPTIVE. 2 vol. in-4, dont 1 de pl. 18 fr.

5° MÉMOIRES DE GÉOMÉTRIE DESCRIPTIVE THÉORIQUE ET APPLIQUÉE. 2 vol. in-4, dont un de pl. 18 fr.

6° APPLICATION DE LA GÉOMÉTRIE DESCRIPTIVE aux ombres, à la perspective, à la gnomonique et aux engrenages. 2 vol. in-4, dont 1 de 58 pl. doubles, dont plusieurs coloriées ou à l'aqua-tinta. 25 fr.

Les *Développements*, les *Compléments* et les *Mémoires de géométrie descriptive* servent de complément à tous les traités de Géométrie descriptive publiés jusqu'à ce jour ; ils renferment chacun des matières spéciales que n'a encore traitées aucun des auteurs qui ont écrit sur la géométrie descriptive.

La *géométrie descriptive*, comme le démontrent ces ouvrages, peut souvent atteindre à la puissance de l'*analyse ;* elle y atteindra *en général* dans les questions où il s'agira de la *forme*, dans les problèmes de relation de position ; et je serais bien trompé (*dit l'auteur*) si, pour ces problèmes, elle n'avait presque toujours l'avantage sur l'*analyse*, en ce sens que ses démonstrations seront plus promptes et plus simples et que les résultats seront obtenus dans des termes plus immédiatement applicables par les ingénieurs aux travaux d'art.

La géométrie descriptive peut acquérir *toute puissance* lorsqu'il s'agira de relation de position ; en ce sens elle n'est pas bornée, et les efforts qu'elle fera dans cette direction seront toujours utiles.

TRAITÉ ÉLÉMENTAIRE

DE

GÉOMÉTRIE DESCRIPTIVE

PREMIÈRE PARTIE.

PARIS. — TYPOGRAPHIE HENNUYER, RUE DU BOULEVARD, 7.

TRAITÉ ÉLÉMENTAIRE

DE

GÉOMÉTRIE DESCRIPTIVE

PAR

EUGÈNE CATALAN

ANCIEN ÉLÈVE DE L'ÉCOLE POLYTECHNIQUE, DOCTEUR ÈS SCIENCES,
AGRÉGÉ DE L'UNIVERSITÉ, MEMBRE DE LA SOCIÉTÉ PHILOMATHIQUE, CORRESPONDANT
DES ACADÉMIES DES SCIENCES DE TOULOUSE, LILLE, LIÉGE,
ET DE LA SOCIÉTÉ D'AGRICULTURE DE LA MARNE.

PREMIÈRE PARTIE

DU POINT, DE LA DROITE ET DU PLAN

TEXTE

SECONDE ÉDITION, REVUE ET AUGMENTÉE

PARIS

DUNOD, ÉDITEUR,

SUCCESSEUR DE VICTOR DALMONT,

Précédemment Carilian-Gœury et Victor Dalmont,

LIBRAIRE DES CORPS IMPÉRIAUX DES PONTS ET CHAUSSÉES ET DES MINES,

Quai des Augustins, 49.

1862

TRAITÉ ÉLÉMENTAIRE

DE

GÉOMÉTRIE DESCRIPTIVE

PREMIÈRE PARTIE.

CHAPITRE PREMIER.

Notions préliminaires.

INTRODUCTION.

1. La partie des Mathématiques appliquées à laquelle l'illustre Monge a donné le nom de *Géométrie descriptive* a pour objets principaux : 1° *la représentation exacte des corps au moyen de dessins tracés sur un seul plan ;* 2° *la solution graphique des problèmes dont la Géométrie de l'Espace donne la solution théorique.*

Entrons dans quelques explications.

En premier lieu, le dessin ordinaire représente les objets, non tels qu'ils sont réellement, mais tels que les a vus l'artiste, c'est-à-dire avec toutes les déformations dues à la perspective. Par exemple, un cube est ordinairement figuré par la réunion de *trois quadrilatères irréguliers.* Quand on veut que le dessin puisse faire retrouver, au besoin, la *position,* la *forme* et les *dimensions* des diverses parties d'un corps, on le construit d'après des règles données par la Géométrie descriptive.

D'un autre côté, lorsqu'après avoir résolu un problème relatif à la Géométrie de l'Espace, on se propose de déterminer, en grandeur et en position, les lignes qu'on avait prises pour inconnues, les procédés ordinaires deviennent complétement impuissants, et l'on est obligé de les remplacer par des méthodes appartenant à la Géométrie de Monge.

Pour prendre un exemple très-simple, supposons qu'il s'agisse de *trouver la distance d'un point donné à un plan donné*. On sait que cette distance est mesurée par la perpendiculaire abaissée du point sur le plan. Mais comment indiquer la direction de cette droite? Comment déterminer le point où elle perce le plan? Comment en obtenir la longueur? Comment, en un mot, résoudre *graphiquement* le problème? La réponse à ces questions et à toutes celles qui seraient amenées par des problèmes plus compliqués résulte, ainsi qu'on le verra bientôt, d'un petit nombre de conventions et de théorèmes, sur lesquels la Géométrie descriptive est fondée.

DES PROJECTIONS.

2. On appelle *projection d'un point, sur un plan*, le pied de la perpendiculaire abaissée du point sur le plan.

Ainsi, concevez que du point A, on abaisse, sur le plan Fɪɢ. 1.   MN, la perpendiculaire A*a* : le pied *a* de cette droite sera la projection du point A sur le plan MN, nommé *plan de projection*. Il est clair que le point *a* est la projection commune de tous les points de la droite indéfinie A*a*.

3. La *projection d'une ligne* est le lieu géométrique des projections de tous ses points.

Fɪɢ. 2.   Par exemple, la ligne *abc*, qui contient les projections de tous les points de la ligne ABC, est la projection de ABC.

4. Les perpendiculaires Aa, Bb, Cc,... parallèles entre elles, ont pour lieu géométrique une surface cylindrique, ordinairement désignée sous le nom de *cylindre projetant*.

La projection abc pouvant être considérée comme l'intersection de ce cylindre par le plan MN, il est évident que toute courbe A'B'C', tracée sur la surface du cylindre, a pour projection, sur le plan MN, la même ligne abc.

5. *Remarques*. I. *Quand la courbe ABC est dans un plan perpendiculaire au plan de projection MN, sa projection est une ligne droite.* En effet, le cylindre projetant se réduit au plan même de la courbe.

II. *Si la courbe est dans un plan parallèle au plan de projection, elle se projette suivant une courbe qui lui est égale.*

6. Théorème. *La projection d'une ligne droite ABC est une ligne droite abc.*

La droite ABC est nécessairement contenue dans un plan perpendiculaire à MN : donc (5) sa projection est une ligne droite.

Fig. 3.

7. *Remarques*. I. Deux points déterminent une droite. Conséquemment, pour projeter la droite ABC sur le plan MN, il suffit de joindre, par une droite, les projections a, b de deux points A, B pris arbitrairement sur ABC.

II. On peut encore, pour obtenir la projection de ABC, construire le plan projetant ACac (5).

III. *Si la droite est perpendiculaire au plan de projection, elle se projette suivant le point où elle perce le plan.*

DÉTERMINATION DU POINT.

8. D'après la remarque faite dans le n° 2, *un point n'est pas déterminé par sa projection sur un seul plan.*

Au contraire, ainsi que nous allons le faire voir, *un*

point est complètement déterminé de position, si l'on connaît ses projections sur deux plans qui se coupent. Mais d'abord, cherchons la relation qui existe entre ces deux projections.

9. THÉORÈME. *Les perpendiculaires abaissées des deux projections d'un point, sur l'intersection des deux plans de projection, la rencontrent en un même point.*

Pour démontrer cette proposition fondamentale, conce-

FIG. 4.   vons deux plans xyz, xyt, qui se coupent suivant la droite xy. Si, d'un point A situé hors de ces plans, on mène les perpendiculaires Aa, Aa'; le plan aAa', conduit par ces droites, est perpendiculaire aux deux plans de projection; par suite, il est perpendiculaire à l'intersection xy ; donc cette droite xy est perpendiculaire aux intersections $a\alpha$, $a'\alpha$ du plan aAa' avec les plans de projection. Les perpendiculaires abaissées sur xy, par les projections du point A, rencontrent donc cette droite xy en un même point.

10. RÉCIPROQUE. *Lorsque deux points, situés dans les deux plans de projection, sont tels que les perpendiculaires abaissées de ces points, sur l'intersection des deux plans, la rencontrent en un même point, ces deux points sont les projections d'un point déterminé de l'espace.*

Les droites $a\alpha$, $a'\alpha$ étant perpendiculaires à l'intersection xy, en un même point α, le plan de ces deux droites est perpendiculaire à xy ; donc il est perpendiculaire à chacun des plans xyz, xyt. Les droites menées par les points a, a', perpendiculairement aux plans xyz, xyt, sont donc situées dans le plan $a\alpha a'$; et, comme elles sont perpendiculaires à deux droites qui se coupent, elles se coupent elles-mêmes en un point A, dont les projections sont a, a' : ce qui démontre la proposition.

11. D'après les deux principes précédents, *pour que deux points, situés dans les deux plans de projection, soient les projections d'un même point de l'espace, il faut et il suffit que les perpendiculaires abaissées de ces points, sur l'inter-section des deux plans, la rencontrent en un même point.*

DÉTERMINATION DE LA LIGNE.

12. *Une droite est déterminée quand on connaît ses projections sur deux plans qui se coupent.*

Faisons passer, par chaque projection, un plan perpendiculaire au plan de projection correspondant : la droite devra se trouver dans chacun des plans ainsi conduits ; elle en sera donc l'intersection.

Par exemple, si ab, $a'b'$ sont les projections d'une droite inconnue, les plans abBA, $a'b'$BA menés par ces projections, perpendiculairement aux plans xyz, xyt, contiendront la droite cherchée : cette droite est donc l'intersection AB des deux plans.

Fig. 5.

13. Deux droites, prises arbitrairement dans les plans de projection, ne peuvent être considérées comme les projections d'une même droite, que si les plans menés par ces droites, perpendiculairement aux plans de projection correspondants, se coupent. C'est ce qui arrivera toujours lorsque ces deux droites ne seront pas perpendiculaires, en deux points différents, à l'intersection des plans de projection.

14. Si les deux projections ab, $a'b'$, perpendiculaires à xy, rencontrent cette droite en un même point α, alors le plan $a\alpha a'$ de ces droites est perpendiculaire, à la fois, aux deux plans xyz, xyt ; de sorte que toutes les droites situées

Fig. 6.

dans ce plan ont pour projections ab, $a'b'$. Dans ce cas, pour achever de déterminer la droite de l'espace, il faut donner les projections a, a' et b, b' de deux de ses points.

15. *Une courbe quelconque est déterminée, quand on connaît ses projections sur deux plans qui se coupent.*

Fig. 7.

Par exemple, abc, $a'b'c'$ étant les projections d'une même ligne ABC, sur les plans xyz, xyt; si l'on conçoit deux surfaces cylindriques abcABC, $a'b'c'$ABC, ayant pour bases $a'b'c'$, abc, et dont les génératrices soient respectivement perpendiculaires aux plans xyz, xyt, l'intersection de ces surfaces sera la courbe ABC.

16. *Remarque.* Pour que deux courbes, prises arbitrairement dans les deux plans de projection, puissent être considérées comme les projections d'une même ligne de l'espace, *il faut qu'à chaque point de la première corresponde un point de la seconde :* nous nommons ici points *correspondants* ceux qui satisfont à la condition énoncée ci-dessus (11).

DÉTERMINATION DU PLAN.

Fig. 8.

17. On détermine la position d'un plan P au moyen de ses intersections $\alpha\beta$, $\beta\gamma$, avec les plans de projection xyz, xyt. Ces intersections sont les *traces* du plan.

En général, le plan P et les deux plans de projection forment un angle trièdre, ayant pour arêtes les deux traces et l'intersection des deux plans fixes. Ainsi, *les deux traces d'un même plan doivent couper en un seul point l'intersection des plans de projection.*

18. *Remarques.* I. *Si le plan est parallèle à l'un des plans de projection, il est clair qu'il n'a pas de trace sur*

ce dernier plan. Sa trace sur l'autre plan de projection est parallèle à l'intersection des plans de projection.

II. *Si le plan coupe les deux plans de projection, mais qu'il soit parallèle à leur intersection, ses deux traces sont parallèles à cette droite.*

III. *Si le plan est perpendiculaire à l'intersection des deux plans de projection, ses deux traces sont perpendiculaires à cette droite.*

IV. Enfin, *si le plan passe par l'intersection des deux plans de projection, sa position n'est plus déterminée :* pour qu'elle le soit, on devra donner les projections d'un point du plan, non situé sur l'intersection.

PROJECTIONS HORIZONTALES OU VERTICALES.

19. Jusqu'à présent, nous n'avons fait aucune hypothèse particulière sur l'angle des deux plans de projection. Mais, afin de rendre les constructions plus simples, nous supposerons, dorénavant, que cet angle est droit. Afin d'abréger le discours, nous regarderons l'un des deux plans de projection comme *horizontal* et l'autre comme *vertical*, quoiqu'ils puissent avoir des positions quelconques dans l'espace. L'intersection des deux plans de projection sera nommée *ligne de terre.*

20. Lorsque nous dirons qu'*un point est donné*, ou qu'*une ligne est donnée*, nous entendrons que *les projections de ce point ou de cette ligne sont données. Un plan* sera *donné*, lorsque *ses traces seront* supposées *connues.* Quand nous proposerons de *déterminer un point, ou une droite, ou un plan*, il s'agira de *construire les projections du point ou de la droite, ou les traces du plan.*

21. Les projections et les traces prennent le nom du plan de projection dans lequel elles se trouvent. Ainsi, les projections et les traces situées dans le plan vertical sont les *projections* et les *traces verticales*. Suivant qu'une droite est parallèle au plan horizontal de projection, ou qu'elle y est perpendiculaire, nous dirons que cette ligne est *horizontale* ou qu'elle est *verticale*. On dit, semblablement, qu'un *plan* est *horizontal* ou qu'il est *vertical*, suivant qu'il est parallèle ou perpendiculaire au plan horizontal de projection.

22. Les plans de projection étant supposés rectangulaires :

1° *Si une figure est dans l'un des deux plans de projection, sa projection sur l'autre plan appartient à la ligne de terre.*

En effet, le premier plan de projection est le plan projetant de la figure (5).

2° *Si une figure est dans un plan parallèle à l'un des plans de projection, sa projection sur l'autre plan est une droite parallèle à la ligne de terre.*

Le plan de la figure, qui coupe le second plan de projection suivant une parallèle à la ligne de terre, se confond en effet avec le plan projetant.

3° *Si un plan est perpendiculaire à l'un des deux plans de projection, sa trace sur l'autre plan est perpendiculaire à la ligne de terre.*

Par exemple, un plan perpendiculaire au plan horizontal a pour trace verticale une perpendiculaire à la ligne de terre.

Cette trace, étant l'intersection de deux plans perpendiculaires au plan horizontal, est perpendiculaire à ce dernier plan ; donc, etc.

4° *La distance d'un point de l'espace à l'un des plans de projection est égale à la distance de sa projection sur l'autre plan, à la ligne de terre.*

Soit A un point dont les projections sont a, a'. Par Aa et Aa' faisons passer un plan qui coupe en α la ligne de terre : nous obtiendrons ainsi un rectangle A$a\alpha a'$. En effet, les angles A$a\alpha$, A$a'\alpha$ sont droits parce que Aa, Aa' sont perpendiculaires sur les plans de projection, et l'angle $a\alpha a'$ est droit parce qu'il mesure l'inclinaison des deux plans de projection. Par suite,

Fig. 4.

$$Aa = a'\alpha \quad \text{et} \quad Aa' = a\alpha.$$

RABATTEMENT DU PLAN VERTICAL.

23. Les explications précédentes suffisent pour faire pressentir la possibilité de résoudre les problèmes qui se rapportent à la Géométrie de l'Espace, par des constructions renfermées dans deux plans rectangulaires. Mais, afin de simplifier ces constructions autant que possible et de réunir les deux projections sur un seul dessin, on fait tourner le plan vertical xyt autour de la ligne de terre xy, jusqu'à ce qu'il vienne en xyt', sur le prolongement du plan horizontal xyz. De cette manière, toutes les constructions seront réellement effectuées sur le plan horizontal ; mais on devra constamment supposer les projections verticales remises à leur place, au moyen d'un quart de révolution autour de la ligne de terre. Quant aux points situés hors des plans de projection, ils ne paraîtront pas dans les figures ; mais il sera facile de se représenter leur véritable position, au moyen des projections.

Fig. 9.

Fɪɢ. 10.   Par exemple, a et a' étant les projections d'un point A de l'espace, non indiqué dans la figure, on concevra que le plan vertical, que l'on suppose rabattu sur le plan horizontal, fasse un quart de révolution autour de xy. Les plans de projection devenant alors perpendiculaires l'un à l'autre ; si, par les points a, a', on conçoit des perpendiculaires à ces deux plans, l'intersection de ces droites sera le point A de l'espace, dont les projections sont a, a'.

RELATION ENTRE LES PROJECTIONS D'UN MÊME POINT.

24. Après le rabattement du plan vertical sur le plan horizontal, *les deux projections d'un même point sont situées sur une même perpendiculaire à la ligne de terre.*

Fɪɢ. 9.   En effet, concevons que, les plans de projection xyz, xyt ayant leurs positions primitives, les projections d'un point A de l'espace soient a, a' ; les perpendiculaires $a\alpha$, $a'\alpha$ à la ligne de terre rencontreront cette droite en un même point (9) ; si donc le plan vertical tourne autour de xy pour venir s'appliquer sur le plan horizontal, la droite $a'\alpha$ ne cesse pas d'être perpendiculaire à xy ; et, quand le plan vertical xyt coïncide avec le plan horizontal, le point a' vient en a'', sur le prolongement de $a\alpha$, à une distance du point α égale à $a'\alpha$.

25. D'après cela, *pour que deux lignes se coupent dans l'espace, il faut et il suffit que le point de rencontre de leurs projections verticales et le point de rencontre de leurs projections horizontales se trouvent sur une même perpendiculaire à la ligne de terre.*

26. THÉORÈME. *Si deux plans sont parallèles, leurs traces sont respectivement parallèles.*

En effet, les intersections de deux plans parallèles, par un plan quelconque, sont des droites parallèles.

27. RÉCIPROQUE. *Deux plans sont parallèles, quand leurs traces, supposées obliques ou perpendiculaires à la ligne de terre, sont respectivement parallèles.*

Les quatre traces forment deux angles ayant leurs côtés parallèles deux à deux; donc, en vertu d'un théorème connu, les plans de ces angles sont parallèles (*).

28. THÉORÈME. *Lorsque deux droites AB, CD sont parallèles, leurs projections sur un même plan sont parallèles.*

En effet, les plans projetants AB*b*, CD*d* sont parallèles FIG. 11. entre eux, comme perpendiculaires au même plan MN, et passant par deux droites parallèles; donc leurs traces *ab*, *cd* sont parallèles entre elles (26).

29. RÉCIPROQUE. *Si les projections de deux droites sont respectivement parallèles, les deux droites sont parallèles.*

Effectivement, ces droites sont les intersections de deux plans projetants, parallèles entre eux, avec deux autres plans projetants, parallèles entre eux.

30. THÉORÈME. *Lorsque deux droites sont perpendiculaires, leurs projections, sur un plan parallèle à l'une d'elles, sont perpendiculaires.*

(*) Quand les deux plans ont leurs traces parallèles à la ligne de terre, il se coupent suivant une parallèle à cette ligne, ou bien ils sont parallèles.

D'après le théorème précédent, il suffit de démontrer que *deux droites* AB, CD *étant perpendiculaires, la projection de* AB, *sur un plan* MN *passant par* CD, *est perpendiculaire à* CD.

Les droites A*a*, B*b*,... qui projettent les points de AB, sont perpendiculaires à la droite CD située dans le plan MN. Et comme cette droite CD est supposée perpendiculaire à AB, elle est perpendiculaire au plan projetant AB*ab*; donc elle est perpendiculaire à *ab*.

31. RÉCIPROQUE. *Lorsque les projections de deux droites* AB, CD *sont perpendiculaires, et que l'une d'elles,* CD, *est parallèle au plan* MN *de projection, les deux droites sont perpendiculaires.*

Supposons encore, pour plus de simplicité, que la droite CD soit située dans le plan MN. Par hypothèse, CD est perpendiculaire à la projection *ab* de AB. De plus, cette même droite CD, située dans le plan MN, est perpendiculaire aux droites A*a*, B*b* ; donc elle est perpendiculaire au plan A*a*B*b*, etc.

32. THÉORÈME. *Lorsqu'une droite est perpendiculaire à un plan, les projections de la droite sont respectivement perpendiculaires aux traces du plan.*

Par la droite AB, perpendiculaire au plan PCD, faisons passer le plan ABαa, perpendiculaire au plan de projection MN : il coupe ce dernier plan suivant une droite $a\alpha$ perpendiculaire à la *trace* CD du plan PCD (9). Or, $a\alpha$ est la *projection* de AB sur le plan MN.

33. RÉCIPROQUE. *Si les projections d'une droite* D *sont respectivement perpendiculaires aux traces d'un plan* P, *la droite est perpendiculaire au plan.*

Il est facile de voir que les traces du plan P sont respectivement perpendiculaires aux deux plans projetants de la droite. Par conséquent, le plan P est perpendiculaire à ces deux plans projetants et, par suite, perpendiculaire à leur intersection, laquelle est la droite D.

34. *Remarque.* Cette réciproque est en défaut dans le cas où les deux projections de la droite seraient perpendiculaires à la ligne de terre.

En effet, dans ce cas, la droite est indéterminée (14).

NOTATION ET PONCTUATION.

35. Avant d'exposer les solutions des problèmes relatifs à la ligne droite et au plan, nous établirons quelques conventions relatives au mode de représentation des différentes parties qui constituent les figures.

1° Nous supposerons que l'œil de l'observateur est placé au-dessus du plan horizontal, en avant du plan vertical, et à une distance infinie du plan sur lequel se fait la projection.

2° Les plans de projection partageant l'espace indéfini en quatre angles dièdres égaux entre eux, nous donnerons le nom de premier angle dièdre, ou de *première région*, à l'angle dans lequel est supposé le spectateur. La *deuxième* région est située derrière le plan vertical et au-dessus du plan horizontal. Enfin, la *troisième* et la *quatrième* région sont opposées, respectivement, à la deuxième et à la première.

3° Les grandes lettres A, B, C, etc., indiqueront des points de l'espace ; ces lettres ne paraîtront point dans les figures ; les petites lettres correspondantes *a*, *b*, *c*, etc., employées sans accent, serviront à désigner les projec-

tions horizontales des points A, B, C, etc. ; ces petites lettres, affectées d'un accent, c'est-à-dire a', b', c', etc.,
indiqueront les projections verticales des mêmes points A,
B, C, etc.

4° Nous désignerons souvent un point de l'espace par
ses deux projections ; ainsi, lorsque nous parlerons d'un
point (a, a'), il s'agira du point A dont les projections sont
a, a'.

5° La ligne de terre sera ordinairement désignée par xy.

36. On nomme *épure* la feuille qui contient le tracé de
toutes les constructions d'un problème.

On distingue, dans une épure :

1° Les *lignes principales*, qui représentent les données
et les résultats d'un problème. Elles seront marquées par
un trait plein et continu, lorsqu'elles seront visibles ; elles
seront *ponctuées*, c'est-à-dire tracées en *points ronds*, si
elles sont invisibles.

2° Les *lignes auxiliaires*, c'est-à-dire toutes celles qui
ne seront employées que comme des moyens d'arriver à la
solution du problème. Ces lignes seront toujours *pointillées*,
ou composées de petits traits d'égale longueur, qu'elles
soient visibles ou invisibles.

Lorsque, parmi ces lignes auxiliaires, il s'en trouvera
quelqu'une qui offrira plus d'importance que les autres, et
sur laquelle on voudra appeler l'attention, on pourra la
représenter par une *ligne mixte*, composée de petits traits,
séparés par un ou plusieurs points ronds.

CHAPITRE II.

**Intersection des droites et des plans. — Droites et plans
déterminés par diverses conditions.**

PROBLÈME I.

Trouver les traces d'une droite dont les projections sont données.

37. Supposons que les projections ab, $a'b'$ de la droite Fig. 14.
donnée coupent la ligne de terre aux points b, a'.

Pour trouver la *trace horizontale* de la droite, c'est-à-
dire le point où elle perce le plan horizontal, on observe
que ce point, appartenant au plan horizontal, doit avoir sa
projection verticale sur la ligne de terre xy (22) ; cette projection doit aussi se trouver sur $a'b'$, projection verticale
de la droite ; donc le point a', où $a'b'$ rencontre xy, est la
projection verticale de la trace horizontale de la droite. Si
donc on élève $a'a$ perpendiculaire sur xy, l'intersection a
des droites $a'a$, ab sera la trace horizontale de la droite
donnée. De même, si par le point b, où la projection horizontale ab rencontre la ligne de terre, on élève bb' perpendiculaire à xy, son intersection b' avec la projection verticale
$a'b'$, est la trace verticale de la droite.

De ce qui précède, on tire cette règle générale : *pour
déterminer la trace horizontale d'une droite, on prolonge
la projection verticale jusqu'à la ligne de terre ; par le
point de rencontre on mène, dans le plan horizontal, une
perpendiculaire à la ligne de terre : cette perpendiculaire
va couper la projection horizontale de la droite au point*

cherché. Pareillement, *pour trouver la trace verticale de la droite, on prolonge la projection horizontale jusqu'à sa rencontre avec la ligne de terre ; par le point ainsi obtenu on élève, dans le plan vertical, une perpeudiculaire à la ligne de terre : cette perpendiculaire coupe, au point demandé, la projection verticale de la droite.*

38. *Remarque.* D'après la position des traces d'une droite, on peut juger dans quelle *région de l'espace* (35 2ᵒ) est située la partie de cette ligne comprise entre les plans de projection. Ainsi, dans la figure 14, la droite rencontrant le plan horizontal en avant du plan vertical, et le plan vertical au-dessus du plan horizontal, la partie AB de la droite appartient à la première région. On voit, avec la même facilité, que les figures 15, 16 et 17 représentent des droites AB situées, respectivement, dans la *deuxième* région, dans la *troisième* et dans la *quatrième*.

39. *Cas particuliers.* 1ᵒ La droite est contenue dans l'un des plans de projection, dans le plan horizontal, par exemple.

Fɪɢ. 18.   Dans ce cas, la droite *ab* est à elle-même sa projection horizontale ; sa projection verticale est la ligne de terre ; et elle a pour trace verticale le point *b*, où elle rencontre cette ligne.

2ᵒ La droite est perpendiculaire à l'un des plans de projection, au plan horizontal, par exemple.

D'après cette position de la droite, sa projection horizon-
Fɪɢ. 19.   tale se réduit à la trace horizontale *a*; sa projection verticale est *a'b'* perpendiculaire à la ligne de terre. D'ailleurs, la droite n'a pas de trace verticale.

3ᵒ La droite est dans un plan perpendiculaire à la ligne de terre.

Pour qu'une pareille droite soit déterminée, il faut que
l'on donne les projections de deux de ses points (14). Sup-　Fig. 20.
posons donc que m, m' et n, n' soient ces projections.
Faisons tourner le plan $a\alpha'b$, qui contient la droite MN,
autour de sa trace horizontale $a\alpha$, jusqu'à ce qu'il soit rabattu sur le plan horizontal. Dans ce mouvement, chaque
point de MN décrit dans l'espace une circonférence dont
le plan est perpendiculaire à $a\alpha$, dont le centre est le pied
de la perpendiculaire abaissée du point sur $a\alpha$, et dont le
rayon est cette perpendiculaire. Il est facile de voir, d'après
cela, qu'en décrivant, du point α comme centre, l'arc $m'm''$,
menant $m''M_1$ perpendiculaire à la ligne de terre et mM_1
parallèle à cette ligne, on aura, en M_1, le rabattement du
point M. De même, N vient se rabattre en N_1. Par conséquent, M_1N_1 est le rabattement de la droite MN. Les points
a, b_1, où M_1N_1 rencontre la trace horizontale $a\alpha$ et la ligne
de terre, sont les rabattements des deux traces de MN.

Pour avoir ces traces elles-mêmes, il faut ramener le
plan $a\alpha b'$ à sa position primitive, en le faisant tourner de
nouveau autour de αa : le point b_1 se porte alors en b', et le
point a, qui appartient à l'axe $a\alpha$, reste immobile.

Nous obtenons ainsi, en a et en b', la trace horizontale
et la trace verticale de la droite donnée.

PROBLÈME II.

Trouver les projections d'une droite dont les traces sont données.

40. Soient a, b' les deux traces de la droite. La trace ho-　Fig. 14.
rizontale a est à elle-même sa projection horizontale, et sa
projection verticale est le pied a' de la perpendiculaire aa'

2

abaissée du point *a* sur la ligne de terre. Semblablement, la trace verticale *b'* de la droite est à elle-même sa projection verticale, et sa projection horizontale est le point *b*, intersection de *xy* avec la perpendiculaire *b'b*. Les deux projections cherchées sont donc *ab*, *a'b'*.

PROBLÈME III.

Par un point donné, mener une parallèle à une droite donnée.

Fig. 21.   41. Soient *c*, *c'* les projections du point donné, et *ab*, *a'b'* les projections de la droite donnée. La droite cherchée passant par le point C, les projections de cette ligne doivent passer par les projections *c*, *c'* de C; d'ailleurs, les projections de deux droites parallèles sont respectivement parallèles (28). On construira donc les projections de la droite demandée en menant, par les projections *c*, *c'* du point donné, des parallèles *cd*, *c'd'* aux projections *ab*, *a'b'* de la droite donnée.

PROBLÈME IV.

Faire passer un plan par trois points donnés.

Fig. 22.   42. Soient *a*, *b*, *c*, les projections horizontales des trois points donnés, et *a'*, *b'*, *c'* leurs projections verticales. Les trois droites AB, AC, BC qui, dans l'espace, joignent deux à deux les trois points donnés, ont pour projections horizontales *ab*, *ac*, *bc*, et pour projections verticales *a'b'*, *a'c'*, *b'c'*. Ces droites percent le plan horizontal aux points *m*, *n*, *p*, et le plan vertical aux points *q*, *r*, *s* (Prob. I). Par conséquent, la trace horizontale $\alpha\beta$ du plan passe par les points *m*, *n*, *p*; la trace verticale $\beta\gamma$ passe par les points *q*, *r*, *s*; et, si la construction a été faite avec exactitude, ces deux traces coupent la ligne de terre en un même point β.

43. *Remarque*. Ordinairement, on se borne à construire les projections de deux des trois droites, et à déterminer la trace horizontale ou la trace verticale de l'une de ces deux droites et les deux traces de l'autre.

44. *Cas particuliers*. 1° Si une des trois droites AB, BC, AC est parallèle au plan horizontal, le plan cherché coupe le plan horizontal suivant une parallèle à cette même droite ; c'est-à-dire que la trace horizontale du plan est parallèle à la projection horizontale de la droite.

2° Quand une des trois droites AB, BC, AC est parallèle à la ligne de terre, le plan cherché est parallèle à cette ligne ; par conséquent, ses deux traces sont parallèles à la ligne de terre. D'ailleurs, elle doivent contenir les traces des deux autres droites.

PROBLÈME V.

Faire passer un plan par deux droites qui se coupent, ou par deux droites parallèles.

45. Ce problème rentre dans celui que nous venons de traiter ; car si l'on cherche les traces des deux droites, qu'on joigne les traces horizontales par une droite, et qu'on opère de même pour les traces verticales, on aura les deux traces du plan demandé. Comme vérification, il faut que ces traces se coupent en un même point de la ligne de terre.

46. *Cas particuliers*. 1° Les deux droites données AB, CD sont parallèles à la ligne de terre.

Dans ce cas particulier, la construction générale est en défaut ; mais alors le plan cherché a ses traces parallèles à la ligne de terre (44, 2°). Il suffit donc de trouver un point

Fig. 23.

de chacune d'elles. A cet effet, on prend un point M sur l'une des droites données, un point N sur l'autre, et l'on cherche les traces R, S de la droite MN.

Fig. 24.   2° Les deux droites données se coupent en un point α, situé sur la ligne de terre.

La construction générale est encore en défaut ; mais le plan cherché devant passer par le point α, il suffit de trouver un autre point de chacune de ses traces ; c'est à quoi l'on parvient en opérant comme dans le cas précédent.

PROBLÈME VI.

Faire passer un plan par un point donné et par une droite donnée.

Fig. 25.   47. Si, par le point donné O, on mène une parallèle CD à la droite donnée AB, cette parallèle est située dans le plan cherché. On sera donc ramené à faire passer un plan par deux droites parallèles.

Au lieu de mener, par le point O, une parallèle à AB, on pourrait faire passer par ce point une droite quelconque, coupant AB. On retomberait ainsi sur le premier cas du Problème V.

PROBLÈME VII.

Par une droite donnée, faire passer un plan parallèle à une droite donnée.

Fig. 26.   48. Si l'on prend un point O sur la première droite donnée CD, et que par ce point on mène une parallèle PQ à la seconde droite donnée AB, le plan $\alpha\beta\gamma$, passant par PQ et CD, sera le plan demandé.

49. *Cas particulier*. La première droite est quelconque, la seconde est parallèle à la ligne de terre.

Le plan cherché a ses traces parallèles à la ligne de terre (46°, 1°) ; et comme ces droites passent par les tracés de la droite donnée, elles sont complétement déterminées.

PROBLÈME VIII.

Par un point donné, mener un plan parallèle à deux droites données.

50. Si, par le point donné, on mène des parallèles aux deux droites données, on aura deux droites qui sont tout entières dans le plan cherché, et dont les traces déterminent les traces du plan.

L'épure est la même que celle du Problème VII.

PROBLÈME IX.

Par un point donné, mener un plan parallèle à un plan donné.

51. Prenons, dans le plan donné $\alpha\beta\gamma$, une droite quelconque MN, et menons, par le point donné O, une parallèle AB à MN. Cette parallèle est contenue dans le plan cherché ; par suite, ses traces appartiennent aux traces du plan ; et comme ces dernières traces doivent être parallèles à celles du plan donné, elles sont complétement déterminées.

Fig. 27.

52. La construction précédente peut être simplifiée, quand le plan $\alpha\beta\gamma$ n'est pas parallèle à la ligne de terre. En effet, menons, par le point O, une parallèle à la trace horizontale $\alpha\beta$ du plan donné, c'est-à-dire une *horizontale* de ce plan. La projection horizontale de cette parallèle est la droite oa parallèle à $\alpha\beta$, et sa projection verticale est $o'a'$ parallèle à xy. La trace verticale a' de la droite OA appartenant à la trace verticale du plan cherché, on obtient les

Fig. 28.

deux traces de ce plan en menant $va'\mu$ parallèle à $\gamma\beta$, et $\mu\lambda$ parallèle à $\beta\alpha$.

53. *Cas particuliers à examiner.* 1° Le plan donné est parallèle à l'un des plans de projection, au plan horizontal, par exemple.

2° Le plan est parallèle à la ligne de terre.

3° Le plan a ses traces en ligne droite.

4° Le plan passe par la ligne de terre et par un point donné.

PROBLÈME X.

Construire les projections de l'intersection de deux plans donnés.

Fig. 29.   54. Soient $\alpha\beta$, $\beta\gamma$ les traces du premier plan, et $\lambda\mu$, $\mu\nu$ les traces du second. Il est clair que le point a, où se coupent les traces horizontales, est la *trace horizontale* de l'intersection cherchée. Semblablement, cette intersection a pour *trace verticale* le point de rencontre des traces verticales. Donc cette droite est déterminée. Elle a pour projections ab, $a'b'$.

55. *Cas particuliers.* 1° L'un des plans donnés est perpendiculaire à l'un des plans de projection, au plan horizontal, par exemple ; l'autre plan est quelconque.

Fig. 30.   Le premier plan a sa trace verticale $\beta\gamma$ perpendiculaire à xy. L'intersection se projette donc suivant la trace horizontale $\alpha\beta$ et suivant la droite $a'b'$, qu'on obtient comme dans le cas général.

2° Les deux plans donnés sont perpendiculaires à un même plan de projection, au plan horizontal, par exemple.

Fig. 31.   D'après un théorème connu, l'intersection est une perpendiculaire au plan horizontal, ayant pour projection horizontale le point a, où se coupent les traces horizontales des deux plans.

3° L'un des plans est parallèle au plan horizontal, l'autre est parallèle à la ligne de terre.

Dans ce cas, la construction générale n'étant pas applicable, on cherche les intersections des deux plans donnés avec un plan auxiliaire, et l'on détermine le point de rencontre de ces deux droites. Ce point, situé sur l'intersection des deux plans donnés, la détermine complétement ; car cette intersection est parallèle à la ligne de terre.

Ordinairement, on prend le plan auxiliaire perpendiculaire à la ligne de terre ; on le considère alors comme un *nouveau plan de projection* (*), sur lequel on cherche les traces des plans donnés ; et, de cette manière, on est ramené au cas général. Cette solution est celle que nous allons indiquer.

Coupons les deux plans donnés par le plan auxiliaire $\lambda\mu\nu$ perpendiculaire à xy, et rabattons, sur le plan horizon- Fig. 32. tal, les intersections de ce plan auxiliaire avec les plans donnés. Le point r', trace verticale de la première intersection, se rabat en r_1 ; et cette intersection a pour rabattement la droite $r_1 s_1$ parallèle à $\lambda\mu$: $r_1 s_1$ est donc, sur le plan auxiliaire de projection, la trace du plan $\varepsilon\varphi$. On détermine, semblablement, la trace mn_1 du plan $\alpha\beta\gamma\delta$ sur le plan auxiliaire. L'intersection o_1 des droites $r_1 s_1$, mn_1 est donc le rabattement d'un point de l'intersection des plans donnés. Les projections de ce point sont o et r'. Par conséquent, l'intersection des deux plans donnés, déjà projetée verticalement en $\varepsilon\varphi$, a pour projection horizontale la parallèle aob à xy.

(*) Voir le chapitre suivant.

4° Les deux plans sont parallèles à la ligne de terre.

Fig. 33.

Dans ce cas, comme dans celui qui précède, l'intersection est parallèle à la ligne de terre, et l'on est encore obligé de recourir à un plan auxiliaire.

5° Les deux plans donnés ont leurs traces horizontales parallèles, et leurs traces verticales non parallèles.

Fig. 34.

Lorsque deux plans sont menés suivant deux droites parallèles, leur intersection est parallèle à ces droites ; donc l'intersection AB des deux plans donnés $\alpha\beta\gamma$, $\lambda\mu\nu$, est parallèle aux traces horizontales $\alpha\beta$, $\lambda\mu$.

6° Les deux plans donnés rencontrent la ligne de terre en un même point.

Fig. 35.

La construction générale étant en défaut, on y supplée, comme dans les cas 3° et 4°, en coupant les deux plans donnés par un plan auxiliaire $\lambda\mu\nu$, et cherchant les projections o, o' du point commun aux trois plans. On obtient ainsi les projections βo, $\beta o'$ de l'intersection demandée.

7° Chacun des plans donnés a ses deux traces en ligne droite.

Fig. 36.

Soient $\alpha\beta\gamma$, $\alpha'\beta'\gamma'$ les deux plans. Le point a', où se rencontrent à la fois leurs traces verticales et leurs traces horizontales, représente la trace verticale et la trace horizontale de l'intersection cherchée. Considéré comme *trace verticale* de l'intersection, ce point a' se projette horizontalement en a, sur la ligne de terre. Au contraire, considéré comme *trace horizontale*, il a pour projection verticale le même point a. Conséquemment, l'intersection a ses deux projections confondues suivant la droite aa' perpendiculaire à xy. Cette intersection est donc contenue dans le plan bab' perpendiculaire à la ligne de terre ; elle perce les plans de projection, l'un en a', l'autre au point *rabattu* en a'. Par suite, elle est inclinée à 45° sur chacun de ces plans (*).

56. *Cas particuliers à examiner.* 1° Chacun des plans donnés a ses deux traces en ligne droite ; de plus, ces droites se coupent sur la ligne de terre.

2° L'un des deux plans est quelconque ; l'autre passe par la ligne de terre et par un point donné hors de cette ligne.

3° L'un des deux plans est parallèle à la ligne de terre ; l'autre passe par la ligne de terre et par un point donné.

4° L'un des deux plans est parallèle au plan horizontal ; l'autre passe par la ligne de terre et par un point donné.

5° L'un des deux plans a ses deux traces en ligne droite ; l'autre passe par la ligne de terre et par un point donné.

PROBLÈME XI.

Déterminer le point d'intersection de trois plans donnés.

57. Les trois plans donnés, combinés deux à deux, dé- Fɪɢ. 37. terminent, par leurs intersections, trois droites qui doivent passer par le point demandé. On cherche donc les projections de ces droites, et, quand les constructions sont faites exactement, les trois projections horizontales passent par un même point o, projection horizontale du point d'intersection O ; de même, les trois projections verticales se coupent en un même point o' ; enfin la droite oo' est perpendiculaire à la ligne de terre.

58. *Cas particuliers à examiner.* 1° Le premier plan est

(*) Il est facile de vérifier ces résultats, indépendamment de la théorie des projections.

quelconque; le deuxième est parallèle à la ligne de terre; le troisième est horizontal.

2° Le premier plan est horizontal; le deuxième a ses traces en ligne droite; le troisième passe par la ligne de terre et par un point donné.

3° Les trois plans ont leurs traces verticales parallèles entre elles.

PROBLÈME XII.

Trouver le point où une droite perce un plan.

59. Pour résoudre ce problème, on fait passer un plan quelconque par la droite; on cherche l'intersection de ce plan avec le plan donné; enfin on détermine le point de rencontre de cette intersection et de la droite donnée. Le point ainsi obtenu répond à la question.

Le plan auxiliaire peut avoir une position quelconque; mais la construction étant plus simple quand il est perpendiculaire à l'un des plans de projection, nous commencerons par ce cas particulier.

Fig. 38. Soient $\alpha\beta$, $\beta\gamma$ les traces du plan, et ab, $a'b'$ les projections de la droite. Prenons pour plan auxiliaire le plan qui projette horizontalement la droite : sa trace horizontale est ab, et sa trace verticale est qq' perpendiculaire à xy. L'intersection des deux plans est projetée en pq, $p'q'$; donc le point o', où cette dernière droite rencontre $a'b'$, est la projection verticale du point cherché.

La projection verticale o' étant connue, on en conclut la projection horizontale o, que l'on pourrait, d'ailleurs, construire *directement*.

Fig. 39. 60. Quand on veut donner au plan auxiliaire une position quelconque, on détermine d'abord les traces b, a' de la droite donnée ; on les joint à un point ∂ pris à volonté sur xy : le plan $b\partial a'$ renferme la droite donnée. On cherche enfin l'intersection PQ des plans $\alpha\beta\gamma$, $b\partial a'$; et les points o, o', où les projections de cette intersection coupent les projections de la droite donnée, sont les deux projections du point demandé.

Comme vérification, il faut que la droite oo', qui joint ces deux projections, soit perpendiculaire à xy.

61. *Cas particuliers.* 1° Le plan est quelconque, la droite est parallèle à la ligne de terre.

En coupant le plan par l'un des deux plans projetants de la droite, ainsi que nous l'avons expliqué ci-dessus (59), Fig. 40. on obtient la projection horizontale o ou la projection verticale o' du point cherché.

2° Le plan donné est quelconque ; la droite est horizontale.

L'épure, à quelques simplifications près, est encore celle Fig. 41. qui répond au cas général.

3° Le plan donné est quelconque ; la droite est perpendiculaire à l'un des plans de projection, au plan horizontal, par exemple.

La droite donnée étant verticale, sa projection horizontale se réduit à un point a, projection horizontale du point Fig. 42. cherché ; et sa projection verticale est $a'b'$ perpendiculaire à xy. Pour déterminer la projection verticale du point cherché, faisons passer un plan par la droite donnée : ce plan étant vertical, sa trace horizontale est une droite quelconque pq, assujettie seulement à passer par le point o ; sa trace verticale qq' est perpendiculaire à xy. L'épure s'achève comme dans le cas général.

62. *Remarque.* Le dernier cas particulier peut servir à résoudre cette question : *Connaissant l'une des projections d'un point situé dans un plan donné, trouver l'autre.*

En effet, on peut considérer le point a comme la projection horizontale d'un point situé dans le plan $\alpha\beta\gamma$; et il est évident que ce dernier point est celui où la verticale élevée en a perce le plan.

63. *Cas particuliers à examiner.* 1° La droite est quelconque ; le plan est horizontal.

2° La droite est quelconque ; le plan est parallèle à la ligne de terre.

3° La droite est horizontale ; le plan est parallèle au plan vertical de projection.

4° Le plan est quelconque ; la droite est dans un plan perpendiculaire à la ligne de terre.

5° La droite est quelconque ; le plan a ses traces en ligne droite.

6° La droite est parallèle à la ligne de terre ; le plan a ses traces en ligne droite.

7° La droite est dans un plan perpendiculaire à la ligne de terre ; le plan a ses traces en ligne droite.

8° La droite est quelconque ; le plan passe par la ligne de terre et par un point donné.

9° La droite est horizontale ; le plan passe par la ligne de terre et par un point donné.

PROBLÈME XIII.

Mener, par un point donné, un plan perpendiculaire à une droite donnée.

Fig. 43.   **64.** Soient o, o' les projections du point donné, et ab, $a'b'$ les projections de la droite donnée. D'un point quelconque β' de la ligne de terre, abaissons des perpendiculaires $\beta'\alpha'$, $\beta'\gamma'$ sur les projections de la droite : ces perpendiculaires sont les traces d'un plan $\alpha'\beta'\gamma'$ perpendiculaire à cette droite (32). Donc le plan $\alpha\beta\gamma$, passant par (o, o'), et parallèle au plan auxiliaire $\alpha'\beta\gamma'$ (Prob. IX), est le plan demandé.

65. *Remarque.* Si l'on mène, par le point donné, une parallèle à la trace horizontale du plan cherché, c'est-à-dire une horizontale (cd, $c'd'$) perpendiculaire à la droite donnée, et que l'on détermine ensuite la trace verticale d' de cette parallèle, on n'aura pas besoin de construire le plan $\alpha'\beta'\gamma'$.

66. *Cas particuliers.* 1° La droite ab, $a'b'$ est parallèle à l'un des plans de projection, au plan horizontal, par exemple.

La droite étant horizontale, le plan cherché est vertical ; Fig. 44. donc sa trace horizontale passe par la projection horizontale o du point donné. D'ailleurs, les deux traces doivent être respectivement perpendiculaires aux deux projections de la droite : elles sont donc complétement déterminées.

2° La droite donnée est perpendiculaire à l'un des plans de projection, au plan horizontal, par exemple.

Le plan horizontal de projection et le plan cherché sont Fig. 45. parallèles, comme étant tous les deux perpendiculaires à la droite donnée. On obtient donc la trace verticale inconnue, en menant, par la projection verticale o' du point donné, $\beta\gamma$ parallèle à xy.

67. *Cas particuliers à examiner.* 1° La droite est située dans un plan perpendiculaire à la ligne de terre.

2° La droite donnée est perpendiculaire à la ligne de terre.

PROBLÈME XIV.

Mener, par un point donné O, une droite qui rencontre deux droites
données AB, CD, non situées dans un même plan.

Fig. 46.   68. *Première solution*. Faisons passer deux plans, l'un
par le point O et la droite AB, l'autre par le point O et la
droite CD ; construisons ensuite l'intersection de ces deux
plans. Cette intersection EF passe par le point donné ; de
plus, elle rencontre en général les deux droites données ;
donc EF est la droite demandée.

En effectuant les constructions indiquées, on trouve que
le plan OAB a pour traces $\alpha\beta$, $\beta\gamma$; que le plan OCD a pour
traces $\alpha'\beta'$, $\beta'\gamma'$; et que l'intersection des deux plans est
projetée en ef, $e'f'$. A cause des conditions données, l'épure
comporte quatre vérifications.

Fig. 47.   69. *Seconde solution*. Au lieu d'employer les deux plans
OAB, OCD, on peut se contenter de construire l'un d'eux,
par exemple le plan OAB, et de déterminer le point H où
ce plan est rencontré par la droite CD ; la droite OH satisfait évidemment à la question.

Cette seconde solution donne lieu à une seule vérification.

PROBLÈME XV.

Trouver une droite parallèle à une droite donnée AB, et qui rencontre
deux droites données CD, EF, non situées dans un même plan.

Fig. 48.   70. Par la droite CD, faisons passer un plan $\alpha\beta\gamma$ parallèle à AB ; cherchons le point P où la droite EF rencontre

ce plan ; enfin menons, par P, une parallèle MN à AB : MN est la droite demandée.

71. *Remarque.* Le problème est impossible quand la droite EF est parallèle au plan $\alpha\beta\gamma$, c'est-à-dire *quand les trois droites sont parallèles à un même plan.*

CHAPITRE III.

Des projections auxiliaires.

72. Très-souvent, la solution générale d'un problème de Géométrie descriptive se simplifie lorsque les données ont une position remarquable par rapport aux plans de projection. Autrement dit, *les cas particuliers sont*, presque toujours, *plus simples que le cas général*. Par exemple, l'intersection de deux plans respectivement perpendiculaires aux plans de projection se projette suivant la trace horizontale de l'un des deux plans et suivant la trace verticale de l'autre.

On conçoit, d'après cela, qu'il peut quelquefois être utile de ramener un problème à l'un de ses cas particuliers, au moyen de *projections auxiliaires* faites sur des plans ayant, avec la figure donnée ou cherchée, certaines relations de position. On opère ces *transformations de projections*, analogues à la *transformation des coordonnées*, soit en effectuant un véritable *changement de plans de projection*, soit en faisant tourner la figure autour d'un axe convenablement choisi.

Ces deux procédés, qui ne diffèrent pas essentiellement l'un de l'autre (*), nécessitant l'emploi de *rabattements*,

---

(*) Soient H, V le plan horizontal et le plan vertical *primitifs*; soient H′, V′ le plan horizontal et le plan vertical *auxiliaires*; soient B, B′ les plans bissecteurs des angles dièdres formés par ces deux couples de plans : en général, B et B′ se coupent suivant une droite D. Cela posé, si l'on fait tourner le plan B autour de l'intersection D, de manière à le

nous commencerons par résoudre quelques problèmes relatifs à ce genre particulier de rotation (*).

PROBLÈME XVI.

Connaissant l'une des projections d'un point situé dans un plan donné, trouver
la position que prend ce point, lorsqu'on rabat, sur le plan horizontal,
le plan donné.

73. Soit o la projection horizontale donnée. On en dé- Fig. 49.
duit aisément (62) la projection verticale correspondante o'.

Remarquons maintenant que le point O, en tournant autour de la trace horizontale $\alpha\beta$, décrit une circonférence
dont le plan, perpendiculaire à $\alpha\beta$, est vertical. La trace
horizontale de ce plan est donc (32) la perpendiculaire op
à $\alpha\beta$. De plus, le pied p de cette droite est le centre de la
circonférence dont il s'agit. Enfin, le rayon Op est évidemment l'hypoténuse du triangle Oop, rectangle en o.

Rabattant ce triangle, dont la *hauteur* égale $\omega o'$ (22, 4°),
autour de sa *base* op, et prenant, sur le prolongement
de op, $pO_2 = pO_1$, nous aurons, en O_2, le rabattement
cherché.

74. *Remarque.* La projection horizontale o d'un point O
situé dans un plan $\alpha\beta\gamma$, et le rabattement O_2 de O sur le
plan horizontal, sont toujours sur une même perpendicu-
laire oO_2 à la trace horizontale $\alpha\beta$ du plan.

---

rabattre sur le plan B', les plans primitifs deviendront parallèles, respectivement, aux plans auxiliaires. Un changement de plans équivaut
donc à une rotation.

(*) On a déjà vu ci-dessus (39, 3°) l'un de ces problèmes.

PROBLÈME XVII.

Connaissant le rabattement d'un point situé dans un plan donné,
construire les projections du point.

Fig. 50.   75. On suppose que O_2 soit le rabattement, sur le plan horizontal, d'un point O situé dans le plan donné ; et l'on demande les deux projections de ce point O.

D'après le problème précédent, la projection horizontale o est située sur la perpendiculaire O_2p à la trace horizontale $\alpha\beta$; et sa distance à cette trace est la base du triangle rectangle poO_1, dont l'hypoténuse égale pO_2.

Pour déterminer cette hypoténuse *en direction*, il suffit de chercher le rabattement d'un de ses points : par exemple, le rabattement Q_1 de sa trace verticale (q, q').

La direction pQ_1 étant connue, on obtient, avec la plus grande facilité, le rabattement O_1 et les projections o, o' du point O.

PROBLÈME XVIII.

Connaissant l'une des projections d'une droite située dans un plan donné,
trouver le rabattement de la droite.

Fig. 51.   76. Soit ab la projection horizontale de la droite donnée, située dans le plan $\alpha\beta\gamma$. Il est évident qu'on obtiendra le rabattement de cette droite sur le plan horizontal, en cherchant les rabattements de deux de ses points, et en les joignant par une ligne droite. Afin de simplifier les constructions, on choisit pour ces points les traces de la droite : la trace horizontale a, appartenant à *l'axe de rotation*, est à elle-même son rabattement ; et l'on n'a plus qu'à déterminer le rabattement B_2 de la trace verticale b'. On obtient ainsi aB_2 pour le rabattement cherché.

PROBLÈME XIX.

Connaissant le rabattement d'une droite située dans un plan donné,
construire les deux projections de la droite.

77. Si l'on cherche les projections de deux points quel-   FIG. 52.
conques de la droite rabattue (probl. XVII), on obtiendra
les projections de cette ligne. Afin de simplifier les constructions, on prend, pour l'un des deux points, la trace
horizontale a de la droite.

PROBLÈME XX.

Un point A étant donné, trouver sa projection sur un nouveau plan vertical,
le plan horizontal ne changeant pas.

78. Soit $x_1 y_1$ la trace horizontale du *nouveau plan ver-*   FIG. 53.
tical de projection, ou la nouvelle *ligne de terre*. La projection horizontale a du point A, et sa nouvelle projection
verticale a_1', doivent être situées sur une même perpendiculaire $a\alpha_1 a'_1$ à $x_1 y_1$; de plus,

$$a_1'\alpha_1 = Aa = a'\alpha.$$

Par conséquent, pour résoudre le problème :

*Abaissez, de la projection horizontale donnée a, une
perpendiculaire $a\alpha_1$ sur la nouvelle ligne de terre $x_1 y$;
portez ensuite, sur le prolongement de cette perpendiculaire, à partir de $x_1 y_1$, une distance $\alpha_1 a'_1$ égale à la distance $\alpha a'$ comprise entre l'ancienne ligne de terre et l'ancienne projection verticale a' : le point a'_1 sera la nouvelle
projection verticale cherchée.*

79. *Remarques.* I. Pour indiquer clairement la construc‑
tion précédente, on élève, par le point de rencontre o des
deux lignes de terre, des perpendiculaires oz, oz_1 à ces deux
droites ; on mène la parallèle $a'b'$ à xy ; on décrit, du
point o comme centre, l'arc $b'b'_1$, etc.

II. Les droites $a'b'$, $a'_1b'_1$, au lieu d'être regardées
comme de simples *lignes de rappel* (*), peuvent être consi‑
dérées aussi comme les rabattements de parallèles aux
deux lignes de terre, menées par les *deux projections verticales* du point A. Ces parallèles, respectivement situées
dans les deux plans verticaux de projection, se coupent en
un point projeté horizontalement en o, et dont les deux
projections verticales sont b', b'_1, etc.

III. Sur la figure, nous avons supposé la partie supé‑
rieure du nouveau plan vertical rabattue sur la partie $x_1z_1y_1$
du plan horizontal. Si le rabattement avait lieu dans un
sens contraire à celui-là, la nouvelle projection verticale du
point serait située du côté opposé à a'_1. Dans chaque cas
particulier, l'ordre des lettres x_1, y_1 peut servir à recon‑
naître de quel côté le plan vertical a été rabattu.

PROBLÈME XXI.

Une droite étant donnée, trouver sa projection sur un nouveau plan vertical,
le plan horizontal ne changeant pas.

80. Il suffit, pour résoudre le problème, d'appliquer à
deux points quelconques de la droite la construction précé‑
dente.

81. *Remarque.* Cette construction se simplifie quand on

(*) On donne ce nom aux lignes qui servent à *rappeler* que deux lon‑
gueurs sont égales.

l'applique à la trace horizontale de la droite et à sa nouvelle trace verticale.

PROBLÈME XXII.

Un plan étant donné, trouver sa trace sur un nouveau plan vertical,
le plan horizontal ne changeant pas.

82. Prenons, sur la nouvelle ligne de terre $x_1 y_1$, un point Fig. 54. quelconque a, et regardons-le comme la projection horizontale d'un point A situé dans le plan donné. En construisant (62, 78) les deux projections verticales a', a'_1 du point A, et joignant la nouvelle projection verticale a_1 au point de concours des droites $\alpha\beta$, $x_1 y_1$, nous aurons, en $\beta_1 a'_1 \gamma_1$, la nouvelle trace verticale demandée.

En effet, cette trace est le rabattement, sur le plan horizontal, de la droite suivant laquelle le nouveau plan vertical de projection coupe le plan donné.

83. *Remarque*. Le tracé se simplifie quand on prend, au lieu du point quelconque A, la trace verticale (b, b') de la droite dont il vient d'être question.

PROBLÈME XXIII.

Un point A étant donné, trouver ses projections sur un plan quelconque P,
et sur un plan P' perpendiculaire à P.

84. Afin d'abréger, nous dirons que le plan P, dont les Fig. 55. traces sont $\alpha\beta$, $\beta\gamma$, est le *nouveau plan horizontal* : en réalité, ce plan peut avoir, par rapport à l'horizon, une position quelconque.

Quant au *nouveau plan vertical* P', qui ne peut pas être

pris arbitrairement, nous le choisirons, pour plus de simplicité, perpendiculaire à la trace horizontale du plan P :
sa trace horizontale x_1y_1, perpendiculaire à $\alpha\beta$, sera une
ligne de terre auxiliaire.

Cela posé, conservons d'abord l'ancien plan horizontal,
et cherchons la nouvelle projection verticale a'_1 du point A
(Prob. XX).

En second lieu, rabattons autour de x_1y_1 l'intersection
BC des plans P, P'; c'est-à-dire changeons de plan horizontal, en conservant le même plan vertical P' : le rabattement x_2y_2 de BC sera la nouvelle ligne de terre.

Ces constructions préliminaires étant effectuées, il ne
restera plus qu'à déterminer, au moyen des projections a,
a'_1 du point A, la nouvelle projection horizontale a_1 de ce
point (Prob. XX).

85. Les problèmes dont nous venons de donner les solutions sont des cas particuliers de celui-ci : *Un point étant
donné, trouver ses projections sur un plan donné* P *et sur
un plan* P', *perpendiculaire à* P, *et dont l'intersection avec
celui-ci est donnée.* Nous engageons le lecteur à chercher
la solution de cette question générale.

PROBLÈME XXIV.

Faire tourner un point A autour d'un axe vertical OZ, et construire
les nouvelles projections du point.

Fɪɢ. 56.

86. La circonférence décrite autour de OZ, par le point A,
se projette en vraie grandeur sur le plan horizontal (5);
sa projection verticale est une parallèle à la ligne de
terre, passant par la projection verticale a' du point donné.
Par conséquent, si l'on construit un angle aoa_1 égal à l'an-

gle θ dont on suppose qu'a tourné le point A, a_1 sera la projection horizontale de la nouvelle position de A, ou la *nouvelle projection horizontale* de ce point; etc.

PROBLÈME XXV.

Faire tourner une droite AB autour d'un axe vertical OZ, et construire les nouvelles projections de la droite.

87. Il suffit évidemment, pour résoudre ce problème, d'appliquer la construction précédente à deux points A, B de la droite. On obtient ainsi l'épure 57.

88. *Remarques.* I. On simplifie le tracé en prenant les points A et B à égale distance de l'axe OZ : en effet, les *parallèles* qu'ils décrivent ont alors même projection hori-zontale.

II. On peut encore choisir, au lieu d'un point quelconque A, la trace horizontale de la droite donnée.

III. Enfin, si l'on cherche les nouvelles projections c_1, Fig. 57. c'_1 du point C qui décrit le *parallèle minimum*, évidemment projeté suivant une circonférence tangente à ab, et que l'on mène la tangente $c_1 a_1$ égale à ca, la construction acquiert le dernier degré de simplicité (*).

PROBLÈME XXVI.

Faire tourner une droite AB autour d'un axe vertical OZ, de manière à la rendre parallèle au plan vertical.

89. Quand la droite AB, après avoir tourné autour de Fig. 58. l'axe, sera devenue parallèle au plan vertical, sa nouvelle

---

(*) La droite $(oc, c'c)$ est la *commune perpendiculaire* à la droite AB et à l'axe Oz. (*Voyez* Prob. XXXIII.)

projection horizontale a_1b_1 sera parallèle à la ligne de terre. Conséquemment, le point C de cette ligne, situé sur le parallèle minimum, aura sa nouvelle projection horizontale en c'_1, sur le prolongement de $o'z'$; etc.

PROBLÈME XXVII.

Faire tourner un plan P autour d'un axe vertical, et construire
les nouvelles traces du plan.

90. Pour résoudre ce problème, on tire deux droites quelconques dans le plan P, on les fait tourner autour de l'axe OZ, et l'on conduit un plan par les nouvelles positions de ces lignes. Afin de simplifier les constructions, nous avons choisi, au lieu de deux droites quelconques, la trace horizontale $\alpha\beta$ du plan P et l'horizontale $(ob, o''b')$. Après la rotation, la première droite vient en $\alpha_1\beta_1$; la trace verticale de la seconde est (c_1, c'_1); donc les nouvelles traces du plan sont $\alpha_1\beta_1$ et $\beta_1c'_1\gamma_1$.

Fig. 59.

PROBLÈME XXVIII.

Faire tourner un plan P autour d'un axe vertical OZ, de manière
à le rendre perpendiculaire au plan vertical.

Fig. 60.

91. Après la rotation, la trace horizontale $\alpha\beta$ vient en $\alpha_1\beta_1$, perpendiculairement à la ligne de terre, et l'horizontale $(ob, o''b')$ perce le plan vertical en (o', o''). Par conséquent, $\beta_1o''\gamma_1$ est la nouvelle trace verticale du plan P.

87. *Remarques sur les rotations.* Si l'axe OZ, au lieu d'être vertical, est perpendiculaire au plan vertical, les ex-

plications précédentes subsisteront, sauf quelques modifi-
cations évidentes. Et si cet axe a une position arbitraire,
on commencera par rendre l'un des plans de projection
perpendiculaire à OZ (Prob. XXIII), après quoi l'on n'aura
plus qu'à faire l'application des derniers problèmes.

CHAPITRE IV.

Détermination des distances.

PROBLÈME XXIX.

Déterminer la distance de deux points donnés, A, B.

Fig. 61. 92. Pour avoir la véritable grandeur de la droite AB projetée suivant ab, $a'b'$, rabattons, autour de sa trace horizontale ab, le plan vertical qui la contient (Prob. XVIII) : le rabattement de la distance AB sera A_1B_1.

Cette construction peut être simplifiée ; car si l'on imagine par le point b, projection de B, une parallèle bC à BA, terminée à la verticale aA, on formera ainsi un triangle rectangle ayant pour base ab, pour hauteur la différence des deux verticales aA, bB, et dont l'hypoténuse est égale et parallèle à AB. Il suit de là que si, par le point a, on mène aC_1 perpendiculaire à ab et égale à la différence entre $\alpha a'$ et $\beta b'$, et qu'ensuite on tire $C_1 b$, cette droite sera égale à AB.

Cette seconde construction peut, à son tour, être notablement simplifiée. En effet, menons $b'q'$ parallèle à xy ; prenons, sur cette droite, $q'b'_1 = ab$, et tirons $a'b'_1$, Cette dernière droite sera encore égale à AB ; car le triangle $a'q'b'_1$ est évidemment égal à $C_1 ab$.

93. *Remarques.* I. Cette dernière solution revient à supposer que l'on fait tourner la droite AB autour de l'axe vertical projeté en a, de manière à la rendre parallèle au plan vertical. (Prob. XXVI.)

II. Si l'on raisonne, par rapport au plan vertical, comme on l'a fait relativement au plan horizontal, on obtiendra trois autres solutions du problème. Cela fait donc, en tout, *six* constructions différentes, qui doivent toutes donner le même résultat.

PROBLÈME XXX.

Trouver, sur une droite donnée CD, un point B qui soit à une distance donnée d'un point A de cette droite.

94. Faisons tourner le plan $cc'd'$ autour de sa trace horizontale cc', puis construisons le rabattement cD_1 de la droite donnée et le rabattement A_1 du point donné. (Prob. XVII, XVIII.) Prenons maintenant sur cD_1, à partir de A_1, une distance A_1B_1 égale à la longueur donnée : B_1 sera le rabattement du point cherché ; etc.   Fig. 62.

95. *Remarque.* Le problème admet deux solutions ; car la distance donnée peut être portée de part ou d'autre du point A_1.

PROBLÈME XXXI.

Construire la distance d'un point donné à un plan donné.

96. *Première solution.* Cette distance est la perpendiculaire abaissée, du point donné A, sur le plan donné $\alpha\beta\gamma$. On en obtient les projections en menant, par les points a, a', des perpendiculaires ap, $a'p'$ aux traces du plan. (52.) On cherche ensuite les projections p, p' du pied P de la perpendiculaire OP. Enfin, on trouve facilement (37) la vraie grandeur $a'p'$ de cette droite.   Fig. 63.

97. *Seconde solution.* Si l'on prend le plan vertical pas-

Fɪɢ. 64.   sant par la perpendiculaire AP pour plan vertical de projection (Prob. XX), on aura immédiatement, en $a'_1p'_1$, la distance cherchée. On pourra se servir ensuite de la projection auxiliaire p'_1 pour déterminer les projections p, p' du point inconnu P. Comme vérification, $a'p'$ doit être perpendiculaire à $\beta\gamma$.

98. *Remarque.* Le problème précédent est l'un des exemples, très-rares, dans lesquels l'emploi du *changement de plans de projection*, ou plutôt l'emploi des rabattements, simplifie les constructions. La même remarque est applicable au problème suivant.

99. *Cas particuliers à examiner.* 1° Le plan donné est parallèle à l'un des plans de projection;

2° Le plan est parallèle à la ligne de terre;

3° Le plan est perpendiculaire à la ligne de terre;

4° Le plan a ses traces en ligne droite;

5° Le plan passe par la ligne de terre et par un point donné.

PROBLÈME XXXII.

Construire la plus courte distance d'un point donné A à une droite donnée BC.

Fɪɢ. 65.   100. *Première solution.* Par le point A, menons un plan $\alpha\beta\gamma$ perpendiculaire à BC. Construisons les projections du point P où la droite perce le plan : la droite AP, évidemment perpendiculaire à BC, sera la plus courte distance cherchée. Pour plus de clarté dans l'épure, on n'a pas construit le rabattement de cette droite.

Fɪɢ. 66.   101. *Seconde solution.* Si l'on fait tourner la droite BC autour d'un axe vertical passant par le point A, de manière à la rendre parallèle au plan vertical, la plus courte distance cherchée se projette suivant une perpendiculaire $a'p'_1$ à la nouvelle projection verticale $b'_1c'_1$ (31). Il ne reste donc plus, pour obtenir les projections cherchées ap, $a'p'$, qu'à faire revenir la figure à sa position primitive.

102. *Cas particuliers à examiner.* 1° La droite donnée est parallèle à la ligne de terre ;

2° La droite est dans un plan perpendiculaire à la ligne de terre ;

3° La droite est perpendiculaire à la ligne de terre.

PROBLÈME XXXIII.

Construire la plus courte distance de deux droites données, non situées dans un même plan.

103. *Première solution.* On sait que, pour déterminer la plus courte distance entre deux droites AB, CD, non situées dans un même plan, il faut : 1° mener par AB un plan parallèle à CD ; 2° abaisser, d'un point quelconque C de CD, une perpendiculaire CP sur ce plan ; 3° mener, par le pied P de la perpendiculaire, une parallèle PQ à CD ; 4° par le point Q, où cette parallèle rencontre AB, mener une droite QS, parallèle à CP. Cette ligne QS, qui rencontre CD en un point S, est la plus courte distance demandée.

Appliquons la méthode des projections à la solution que nous venons de rappeler.

Soient ab, $a'b'$, et cd, $c'd'$ les projections des deux droites données. Afin de faire passer par AB un plan parallèle à CD, prenons sur AB un point (o, o') quelconque ; et, par ce point, menons $(oh, o'h')$ parallèle à CD. Les traces

Fig. 67.

h, h' de cette parallèle, et les traces a, b' de la droite AB,
déterminent le plan cherché $\alpha\beta\gamma$. Nous devons maintenant,
d'un point quelconque de CD, abaisser une perpendiculaire
sur ce plan ; mais, afin de rendre les constructions plus
simples, menons cette droite par le point (c, c'), où CD perce
le plan horizontal. Elle a pour projection les droites cp,
$c'p'$, respectivement perpendiculaires aux traces $\alpha\beta$, $\beta\gamma$ du
plan auxiliaire ; et elle rencontre ce plan au point P, pro-
jeté en p, p'. Actuellement, faisons passer par ce point une
parallèle $(pq, p'q')$ à la droite CD, et construisons le point
(q, q'), où cette parallèle rencontre la ligne AB. Enfin, tirons qs parallèle à pc, et $q's'$ parallèle à $p'c'$: les droites
qs, $q's'$ sont les projections de la plus courte distance
demandée, laquelle a pour vraie grandeur $s'r'$.

Quand les constructions ont été faites avec exactitude,
les droites pp', qq' et ss' sont perpendiculaires à xy.

104. *Remarque.* La recherche de la plus courte distance
entre deux droites AB, CD, ou de la *commune perpendiculaire* à ces lignes, peut être réduite à ces deux parties
principales : 1° *trouver un plan* P, *parallèle à* AB *et
à* CD ; 2° *mener une droite perpendiculaire à* P, *et qui
rencontre* AB *et* CD.

Cette remarque peut, ainsi qu'on va le voir, servir à
simplifier la construction précédente.

105. *Cas particuliers.* 1° Les deux droites sont horizontales.

FiG. 68.   Soient ab, cd les projections horizontales des deux
droites, et soient $a'b'$, $c'd'$ leurs projections verticales,
parallèles à la ligne de terre. Puisque les droites AB, CD
sont parallèles au plan horizontal de projection, leur plus
courte distance sera, d'après la remarque précédente, une

droite verticale. Il ne s'agit donc plus que de mener une verticale qui rencontre les deux droites données. Les projections de cette ligne sont le point e, où se coupent les projections horizontales des droites données, et la perpendiculaire $e'f'$ à la ligne de terre. De plus, $e'f'$ est la distance des deux droites.

2° L'une des droites est verticale ; l'autre est quelconque.

La droite AB étant verticale, le plan P sera vertical, et aura sa trace horizontale parallèle à cd. Par suite, la projection horizontale de la plus courte distance est ap perpendiculaire à cd, et sa projection verticale est $p'q'$ parallèle à la ligne de terre.

Fig. 69.

3° L'une des droites est quelconque ; l'autre est la ligne de terre.

On ramène ce cas particulier à celui qui précède, en prenant, pour nouveau plan vertical, un plan x_1y_1 perpendiculaire à la ligne de terre xy. En effet, sur ce nouveau plan de projection, la droite $(ab, a'b')$ est projetée en $a'_1b'_1$, et la plus courte distance est projetée, en vraie grandeur, suivant op'_1, perpendiculaire à $a'_1b'_1$. Il ne reste plus qu'à revenir du rabattement aux positions primitives, et l'on trouve pq, $p'q$ pour projections de la plus courte distance.

Fig. 70.

106. *Seconde solution.* M. Abel Transon a fait remarquer (*) que le problème de *la plus courte distance* peut être ramené à celui-ci : *Trouver une droite parallèle à une droite donnée et qui rencontre deux droites données.* (Prob. XV.)

En effet, la commune perpendiculaire EF aux deux droites données AB, CD, évidemment contenue dans un plan perpendiculaire à AB et dans un plan perpendiculaire à CD,

____

(*) *Nouvelles Annales de Mathématiques*, t. XI, p. 176.

est parallèle à l'intersection GH de deux plans P, Q, assujettis seulement à la condition d'être respectivement perpendiculaires à AB et CD.

Par conséquent : *menez arbitrairement un plan P, perpendiculaire à AB, et un plan Q, perpendiculaire à CD ; construisez l'intersection GH de ces deux plans ; enfin, déterminez une droite parallèle à GH et rencontrant AB et CD : cette parallèle sera la plus courte distance cherchée.*

Nous engageons le lecteur à construire l'épure et à la comparer à celles que nous avons expliquées ci-dessus.

CHAPITRE V.

Angles formés par des droites et des plans.

PROBLÈME XXXIV.

Construire l'angle de deux droites données.

107. Si les droites ne se coupent pas, et que, par un point O pris à volonté, on y mène des parallèles OA, OB, l'angle AOB formé par ces parallèles sera ce qu'on appelle l'angle des droites données. Fig. 71.

Pour construire l'angle AOB, cherchons la trace horizontale ab du plan AOB; déterminons (Probl. XVI) le rabattement O_2 du point O ; et joignons O_2 aux traces horizontales a, b des droites OA, OB: aO_2b sera l'angle cherché.

108. *Remarque.* Le point p, pied de la hauteur du triangle aob, est en même temps le pied de la hauteur du triangle aOb, situé dans l'espace et rabattu en aO_2b (30). De plus, la droite pO_1 est cette hauteur pO, rabattue autour de po. (Probl. XXIX.)

109. *Cas particulier.* L'une des droites est horizontale; l'autre est quelconque.

La trace horizontale du plan AOB est, évidemment, la parallèle bc à la projection horizontale oa de la première droite. Si l'on rabat ce plan sur le plan horizontal, le point O viendra se placer en O_2, et le rabattement de OA sera la droite O_2A_2 parallèle à bc. Donc l'angle demandé est bO_2A_2. Fig. 72.

110. *Cas particuliers à examiner.* 1° L'une des deux

droites données est perpendiculaire à l'un des plans de projection; l'autre droite est quelconque.

2° La première droite est parallèle à la ligne de terre; la seconde est quelconque.

3° Les deux droites ont même projection horizontale.

4° Les deux droites données sont dans un même plan perpendiculaire à la ligne de terre.

PROBLÈME XXXV.

Construire la bissectrice de l'angle formé par deux droites OA, OB.

Fig. 73.   111. Soit, comme dans le problème précédent, aO_2b le rabattement de cet angle. Menons la bissectrice O_2d de aO_2b, et supposons que le plan AOB revienne à sa position primitive. Dans ce mouvement, le point d, *trace horizontale* de O_2d, ne change pas de position; donc, od, $o'd'$ sont les deux projections demandées.

PROBLÈME XXXVI.

Construire les angles que fait une droite avec les plans de projection.

112. L'inclinaison d'une droite sur un plan est mesurée par l'angle que fait la droite avec sa projection sur le plan; par conséquent, le problème proposé est un cas particulier du Problème XXXIV. Par conséquent aussi, on obtiendra l'angle de la droite AB avec le plan horizontal, en construisant celui qu'elle fait avec sa projection horizontale ab. A

Fig. 74.   cet effet, on rabat la droite en aB_1, autour de sa projection horizontale ab : l'angle cherché est baB_1.

On peut aussi faire tourner la droite AB autour de bb', trace verticale du plan qui la contient, de manière à la rabattre sur le plan vertical. On obtient ainsi bA_2b' pour l'angle cherché.

L'inclinaison de la droite et du plan vertical se construit de même, soit par un rabattement sur le plan vertical, soit par un rabattement sur le plan horizontal. La première construction donne $a'A_1b'$ pour l'angle cherché ; l'autre donne aB_2a'.

113. *Cas particuliers à examiner.* 1° La droite est parallèle à l'un des plans de projection.

2° La droite rencontre la ligne de terre.

3° La droite est située dans un plan perpendiculaire à la ligne de terre.

PROBLÈME XXXVII.

Construire l'angle formé par les traces d'un plan donné.

114. Cette question est encore un cas particulier du Problème XXXIV. Pour la résoudre, on emploie la méthode générale, c'est-à-dire que, faisant tourner le plan autour de sa trace horizontale $\alpha\beta$, on cherche le rabattement βB_2 de la trace verticale : $\alpha\beta B_2$ est l'angle demandé.

FIG. 75.

115. *Remarque.* On a évidemment $\beta B_2 = \beta b'$; donc, pour déterminer le rabattement B_2 du point (b, b') pris à volonté sur $\beta\gamma$, on peut se dispenser de construire le rabattement *auxiliaire* aB_1.

PROBLÈME XXXVIII.

Construire l'angle d'une droite et d'un plan donnés.

116. D'après la définition rappelée ci-dessus (112), il faudrait, pour déterminer l'angle cherché, commencer par projeter la droite sur ce plan, après quoi l'on construirait l'angle formé par cette projection et la droite donnée. On simplifie la solution en observant que cet angle est le complément de celui que forment la droite et une perpendiculaire au plan. Le problème qui nous occupe est donc, comme les précédents, ramené à la recherche de l'angle formé par deux droites.

Fig. 76. Soient ab, $a'b'$ les projections de la droite donnée. D'un point quelconque (o, o') de cette droite, abaissons une perpendiculaire oc, $o'c'$ sur le plan (52). Si nous construisons l'angle aO_2D_2 formé par cette perpendiculaire et par la droite AB, et si nous menons O_2E_2 perpendiculaire à O_2D_2, $D_2O_2E_2$ sera l'angle demandé.

117. *Cas particuliers à examiner.* 1° La droite est quelconque ; le plan est parallèle à la ligne de terre.

2° La droite est quelconque ; le plan passe par la ligne de terre et par un point donné.

3° La droite est parallèle à la ligne de terre ; le plan donné est quelconque.

PROBLÈME XXXIX.

Construire l'angle de deux plans donnés.

Fig. 77. **118.** Soient $\alpha\beta\gamma$, $\lambda\mu\nu$ les deux plans donnés. Concevons qu'en un point quelconque O de leur intersection on mène un plan P perpendiculaire à cette droite ; ce plan coupera les plans donnés suivant deux droites partant du point O, et faisant entre elles l'angle demandé. Si l'on mène une droite quelconque cd perpendiculaire à la projection horizontale ab de l'intersection, on pourra regarder cd comme étant la trace horizontale du plan P. Par suite, les intersections de ce plan avec les deux plans donnés, c'est-à-dire les côtés de l'angle cherché, sont les deux droites qui, partant des points c, d, vont se couper au point O. L'angle cherché est donc l'angle au sommet du triangle cOd, dans lequel cd est la base. Il suffit, pour construire ce triangle, de déterminer sa hauteur et le pied de cette droite.

Le point O, appartenant à l'intersection des deux plans donnés, doit se projeter sur la projection horizontale de cette droite. Donc la hauteur du triangle cOd est projetée suivant ab; et le point p en est le pied. D'ailleurs, cette droite est contenue dans le plan P, perpendiculaire à l'intersection des deux plans donnés ; d'où il résulte qu'elle est perpendiculaire à cette intersection. Pour l'avoir en vraie grandeur, on rabat le plan abb' sur le plan horizontal : la perpendiculaire pO_1 au rabattement aB_1 de AB est la longueur cherchée, qu'il suffit de porter de p en O_2. L'angle des deux plans est donc cO_2d.

119. *Remarques.* I. La perpendiculaire pO_1 est plus petite que l'oblique pa ; donc le sommet O_2 doit toujours se trouver entre les points a, p.

II. On peut ramener la recherche de l'angle de deux plans à la recherche de l'angle de deux droites ; car, si d'un point quelconque, pris dans l'angle des plans, on leur mène des perpendiculaires, l'angle de ces droites sera le supplément de l'angle des plans.

III. La construction précédente peut être expliquée au moyen des *projections auxiliaires* (Ch. III). En effet, si l'on prend abb' pour plan vertical de projection, et ba pour nouvelle ligne de terre, B_1a sera la nouvelle projection verticale de l'intersection AB; O_1p et pc seront les deux traces du plan P, perpendiculaire à cette droite; en sorte que les deux côtés de l'angle cherché auront O_1 pour trace verticale commune, et c, d pour traces horizontales; etc.

120, *Cas particuliers à examiner.* 1° Les deux plans donnés ont leurs traces horizontales parallèles, ou leurs traces verticales parallèles.

2° Le premier plan est perpendiculaire à la ligne de terre; le second est quelconque.

3° Le premier plan est parallèle à la ligne de terre; le second est quelconque.

4° Les deux plans sont parallèles à la ligne de terre.

5° Les deux plans ont même trace horizontale.

6° Le premier plan est quelconque; l'autre passe par la ligne de terre et par un point donné.

7° L'un des deux plans est parallèle à la ligne de terre; l'autre passe par la ligne terre et par un point donné.

8° Le premier plan a ses deux traces en ligne droite; l'autre passe par la ligne de terre et par un point donné.

PROBLÈME XL.

Construire le plan bissecteur de l'angle formé par deux plans donnés.

FIG. 78.　　121. Si, après avoir construit le rabattement cO_2d de l'angle plan correspondant à l'angle dièdre formé par les deux plans donnés, on mène (Probl. XXXV) la bissectrice

O_2c de cO_2d_2, on a, en e, un point de la trace horizontale du plan bissecteur. Ce plan $a\delta b'$ est donc déterminé.

PROBLÈME XLI.

Construire les angles que forme un plan avec les plans de projection.

122. Pour construire l'angle du plan $\alpha\beta\gamma$ et du plan Fig. 79. horizontal, il suffit, d'après le Problème XXXIX, de mener un plan vertical abb' ayant sa trace horizontale perpendiculaire à $\alpha\beta$, et de construire l'angle que forme, avec sa projection horizontale ab, la droite qui joint dans l'espace les points a et b'.

Nous retombons donc sur le Problème XXXVIII, et nous trouvons baB_1 pour l'angle cherché.

Pour construire l'angle formé par le plan donné avec le plan vertical, on procéderait de la même manière.

123. *Cas particuliers à examiner*. 1° Le plan est parallèle à la ligne de terre.

2° Le plan a ses deux traces en ligne droite.

CHAPITRE VI.

**Résolution de l'angle trièdre. — Réduction à l'horizon. —
Sphère inscrite. — Sphère circonscrite.**

124. Les *éléments* d'un angle trièdre quelconque sont les
trois *faces* et les trois *angles dièdres*. Si l'on se donne trois
de ces *six* éléments, on peut se proposer de trouver les
trois autres : c'est là ce qu'on appelle *résoudre un angle
trièdre*.

125. Le problème comporte six cas distincts. En effet,
représentons par A, B, C les trois angles dièdres du trièdre,
par a, b, c les faces opposées à ces angles, et nous aurons
six manières, *essentiellement différentes*, de choisir les
données, savoir :

1° a, b, c ;	4° A, B, C ;
2° b, c, A ;	5° B, C, a ;
3° b, c, B ;	6° A, B, c.

126. Par la considération de l'angle *trièdre supplémentaire*, les trois derniers cas peuvent être ramenés aux trois
premiers. Car si l'on donne, par exemple, les trois angles
dièdres A, B, C; comme les suppléments de ces angles
sont égaux aux faces du trièdre supplémentaire, il ne s'a-
gira plus que de construire un angle trièdre connaissant ses
trois faces.

Nous pouvons donc supposer que les données sont : les

trois faces, ou deux faces et l'angle dièdre compris, ou deux faces et l'angle dièdre opposé à l'une d'elles.

PROBLÈME XLII.

Connaissant les trois faces d'un angle trièdre, trouver les trois angles dièdres.

127. Supposons qu'on ouvre l'angle trièdre SABC suivant l'arête SC, et qu'on fasse tourner les plans CSA, CSB autour des arêtes SA, SB, pour les rabattre sur le plan de la face ASB, supposé horizontal. On obtiendra ainsi les angles ASC_1, BSC_2, respectivement égaux à b, a. Fig. 80.

Si l'on prend sur les droites SC_1, SC_2 deux points quelconques M_1, M_2, également éloignés du sommet S, on pourra regarder ces deux points comme les rabattements, sur le plan horizontal, d'un même point M de l'arête SC. Conséquemment (74), ce point M a pour projection horizontale le point de concours m des droites $M_1 g$, $M_2 h$, perpendiculaires à SA, SB; et la droite Sm est la projection horizontale de l'arête SC.

Joignant le point M, projeté en m, aux points m, g, h, on forme deux triangles rectangles, dans lesquels les angles Mmg, Mmh mesurent les angles dièdres inconnus A et B, et dont les hypothénuses Mg, Mh sont respectivement égales à $M_1 g$, $M_2 h$.

Les rabattements $m_1 mg$, $m_2 mh$ de ces triangles font donc connaître les angles dièdres A et B.

Quant au troisième angle dièdre C, qui a pour arête SC, on l'obtient en menant, par le point M, un plan perpendiculaire à cette arête, et en construisant (118) le rabattement du triangle qu'il détermine par son intersection avec le plan horizontal et les plans SCA, SCB.

Ces dernières droites, évidemment perpendiculaires à SC, se rabattent, autour de SA et de SB, suivant $M_1 e$ perpendiculaire à SC_1, et suivant $M_2 f$ perpendiculaire à SC_2. La base du triangle cherché est donc ef.

Il ne reste plus qu'à rabattre en $eM_3 f$ ce triangle. Par conséquent, l'angle $eM_3 f$ est égal à l'angle dièdre C.

128. *Remarque.* La construction précédente comporte plusieurs vérifications.

1° Les droites mm_1, mm_2 doivent être égales, car chacune d'elles représente la vraie grandeur de la verticale mM.

2° L'arête SC, perpendiculaire au plan eMf, doit avoir sa projection horizontale Sm perpendiculaire à la trace horizontale ef de ce plan.

3° Le point M_3, rabattement du sommet M, doit se trouver sur la droite Sm.

129. *Discussion.* On peut toujours supposer que ASB est la plus grande des trois faces données. Alors, pour que le trièdre soit possible, les circonférences décrites autour des droites SB, SA par les points M_1, M_2 doivent se rencontrer. La première circonférence est projetée *tout entière* sur son diamètre $M_1 gn$, corde de l'arc $M_1 in$. De même, la seconde circonférence est projetée suivant la corde $M_2 p$ de l'arc $M_2 kp$. Ces deux circonférences se couperont dans le cas seulement où les cordes $M_1 n$, $M_2 p$ se coupent. Ceci exige que la somme des arcs in, kp surpasse l'arc ki, ou que *la plus grande face soit moindre que la somme des deux autres.* On retombe donc sur la condition connue.

PROBLÈME XLIII.

Connaissant deux faces d'un angle trièdre, et l'angle dièdre compris,
trouver la troisième face et les deux autres angles dièdres.

130. Soient $ASB = c$, $ASC = b$ les deux faces données,
et soit A l'angle dièdre donné, compris entre ces faces.

Prenons, comme dans le problème précédent, le plan de Fig. 81.
la face ASB pour plan horizontal, et soit ASC_1 le rabattement de la face ASC : le rabattement BSC_2 de la troisième
face serait connu, si nous connaissions le rabattement M_2
d'un point M de l'arête SC (Probl. XLII). Ce point M_2 se
trouve sur la circonférence $M_1 M_2$ et sur la perpendiculaire
mM_2 à SB, menée par la projection horizontale m du point M.
Or, pour déterminer m, il suffit, d'après le problème précédent, de construire le triangle rectangle $m_1 mg$, au moyen
de l'hypothénuse $gm_1 = gM_1$ et de l'angle $mgm_1 = A$.

Les trois faces étant connues, on trouvera les deux angles dièdres B, C par le problème précédent.

PROBLÈME XLIV.

Connaissant deux faces d'un angle trièdre, et l'angle dièdre opposé à l'une d'elles,
trouver la troisième face et les deux autres angles dièdres.

131. Soient $BSA = c$, $C_1SA = b$ les deux faces données,
et soit B l'angle dièdre donné, opposé à la face b. Prenons Fig. 82.
encore pour plan horizontal le plan de la face BSA ; et,
par un point g, pris à volonté sur l'arête SA, menons un
plan perpendiculaire à cette droite. Ce plan, dont la trace
horizontale gp est perpendiculaire à SA, rencontre l'arête

SC en un point M ; la section que fait ce plan dans l'angle trièdre est donc un triangle pMg qu'il s'agit de construire.

En premier lieu, et d'après les deux problèmes précédents, le rabattement m_1 du sommet M, effectué autour de gp, doit se trouver sur la circonférence décrite du point g comme centre, avec M_1g pour rayon.

D'un autre côté, le point M est sur la section faite, dans la face inconnue BSC, par le plan vertical pg. Le point p appartient au rabattement de cette section, et il est très-facile d'avoir un second point de ce rabattement.

En effet, si par le point g nous imaginons un plan gq perpendiculaire à SB, ce plan coupera les deux faces BSA et BSC suivant deux droites qg et qO, faisant entre elles un angle égal à l'angle dièdre B, et il coupera le plan vertical mgp suivant une droite gO projetée en g. Si donc, après avoir fait l'angle gqO_1 égal à l'angle dièdre B, nous menons gO_2 perpendiculaire à qg et égale à gO_1, le point O_2 sera le rabattement du point O, et pO_2 sera le rabattement de l'intersection de la face BSC avec le plan vertical Mgp (*).

Le rabattement m_1 de M étant trouvé, l'épure s'achève sans difficulté.

132. *Discussion.* Quand la droite pO_2 rencontre la demi-circonférence M_1g en deux points m_1, m'_1, comme cela a lieu sur la figure, le problème a, en général, deux solutions. La troisième face de l'angle trièdre déterminé par le point m_1 est C_2SB ; celle qui correspond au point m'_1 est C'_2SB.

Le problème n'a cependant deux solutions que si les

(*) La dernière construction résout ce problème : *Trouver la trace verticale pO_2 d'un plan, connaissant sa trace horizontale Sp, et l'angle B qu'il forme avec le plan horizontal.*

points m, m'_1 sont tous deux à la droite de l'arête SB : lorsque le point m'_1 est à gauche de SB, c'est-à-dire au-dessous de pg, il ne donne pas de solution, parce qu'alors l'angle dièdre suivant SB, au lieu d'être égal à B, en est le *supplément*. Quand la demi-circonférence M_1g est tangente à la droite pO_2, les deux solutions se réduisent à une seule. Enfin, lorsque ces lignes ne se rencontrent pas, le problème est impossible.

PROBLÈME XLV.

Réduire à l'horizon l'angle de deux droites.

133. Supposons que l'on connaisse l'angle AOB formé Fig. 83. par deux droites OA, OB, et que l'on connaisse aussi les inclinaisons de ces deux droites sur la verticale OC passant par leur point de concours O. Si l'on projette les deux droites sur un plan horizontal quelconque, l'angle A'O'B', formé par les projections, est ce qu'on appelle l'angle AOB, *réduit à l'horizon*. Il est clair que l'angle A'O'B' mesure l'inclinaison des deux plans verticaux COA, COB ; ainsi, la réduction à l'horizon n'est qu'un cas particulier de la résolution d'un angle trièdre. Cependant, à cause de la disposition particulière des données, on le résout directement comme il suit.

Prenons, pour plan vertical de projection, le plan de la Fig. 84. face AOC ; supposons que la face BOC ait tourné autour de la verticale OC jusqu'à ce qu'elle soit venue se rabattre sur le plan vertical. Soient alors o, o' les deux projections du sommet de l'angle trièdre, $c'o'a$ la face COA, $c'o'b'$ le rabattement de l'autre face, $ao'b''$ un angle égal à l'angle AOB des deux droites.

D'après ces données, le côté AO de l'angle AOB a pour projection horizontale la partie oa de xy; par conséquent, il ne s'agit plus que de trouver la projection horizontale du second côté OB, ou seulement sa trace horizontale b.

Pour déterminer ce point b, considérons le triangle aOb, ayant pour sommets le point O et les traces horizontales a, b des côtés OA, OB. Nous connaissons, dans ce triangle, le côté $Oa=o'a$, l'angle AOB$=ao'b''$, et le côté $Ob=o'b'$; nous pouvons donc construire le rabattement $ao'b''$ de aOb. Par suite, la trace horizontale b sera l'intersection de la circonférence décrite du point a comme centre avec ab'' pour rayon, et de la circonférence décrite du point o comme centre avec ob pour rayon. L'angle cherché est donc aob.

134. *Cas particulier à examiner*. L'une des droites données est horizontale.

PROBLÈME XLVI.

Circonscrire une sphère à une pyramide triangulaire.

135. Le centre de la sphère doit être également distant des quatre sommets de la pyramide; conséquemment, ce centre est le point d'intersection des trois plans élevés perpendiculairement sur les milieux de trois des arêtes (*). On doit, bien entendu, choisir trois arêtes non situées dans une même face de la pyramide, sans quoi les trois plans se couperaient suivant une même droite.

Afin de simplifier les constructions, on prend pour plan horizontal de projection le plan ABC d'une des faces, et pour plan vertical de projection un plan parallèle à l'a-

Fig. 85.

(*) *Éléments de Géométrie*, p. 242.

rête SA. Alors, cette arête a pour projection horizontale une droite *sa* parallèle à *xy*, et les projections verticales des sommets A, B, C sont les points a', b', c' de la ligne de terre ; de sorte que si l'on joint les projections *s* et s' du sommet S, respectivement aux projections *a*, *b*, *c* et a', b', c' des sommets de la base, on obtiendra les projections des arêtes qui partent du sommet S. Cela posé, par les milieux M, N des arêtes AB, AC, menons des plans perpendiculaires à ces droites : ces plans sont verticaux, et leur intersection est une verticale ayant pour trace le point *o* de rencontre des perpendiculaires *mo*, *no*. On sait que cette droite est le lieu géométrique de tous les points à égale distance des sommets A, B, C ; donc elle passe par le centre de la sphère demandée ; par suite, ce centre a pour projection horizontale le point *o*, et il a sa projection verticale située sur $o'o''$, perpendiculaire à la ligne de terre.

Pour déterminer cette projection verticale, on observe que le plan mené par le milieu de SA, perpendiculairement à cette arête, contient le centre. D'ailleurs, ce plan est perpendiculaire au plan vertical de projection ; donc, sa trace verticale $p'o'$, perpendiculaire au milieu p' de $s'a'$, passe par la projection verticale o' du centre ; etc. Les droites *oa*, $o'a'$ sont les projections d'un rayon, dont on construira aisément la vraie grandeur $o'r'$.

136. *Remarque.* Les projections de tous les points situés à l'intérieur de la sphère circonscrite sont comprises dans les cercles décrits des points *o* et o' comme centres avec le rayon $o'r'$; par conséquent, ces cercles peuvent être regardés comme les projections des *contours apparents* de la sphère, relatifs à chacun des plans de projection.

PROBLÈME XLVII.

Inscrire une sphère à une pyramide triangulaire.

137. Le centre de la sphère inscrite est le point également distant des quatre faces de la pyramide ; par conséquent, ce centre est à l'intersection des plans qui divisent en deux parties égales chacun des six angles dièdres. Pour le déterminer, il faut construire trois de ces six plans bissecteurs, pourvu toutefois qu'ils ne passent pas par le même sommet de la pyramide (car, dans ce cas, ils se couperaient suivant une droite), et chercher leur point d'intersection.

Fig. 86.   Afin de simplifier les constructions, on prend, comme dans le problème qui précède, la base ABC de la pyramide pour plan horizontal de projection.

Si l'on considère les trois plans bissecteurs des angles dièdres qui ont pour arêtes les côtés de cette base, on reconnaît que ces plans forment, par leurs intersections, un tétraèdre OABC, ayant même base que la pyramide donnée, et dont le sommet O, intérieur à la pyramide, est le centre de la sphère demandée. Il suit de là que la section de ce tétraèdre par un plan horizontal quelconque $x_1 y_1$ est un triangle ayant ses côtés respectivement parallèles à ceux de la base ABC ; donc les projections horizontales de ces côtés sont des parallèles $a_1 b_1$, $b_1 c_1$, $c_1 a_1$ à ab, bc, ca. Si ces projections étaient connues, le problème serait résolu. En effet, les prolongements des droites aa_1, bb_1, cc_1 étant les projections horizontales des arêtes OA, OB, OC de la pyramide OABC, doivent se couper en un point a, projection horizontale du centre O de la sphère inscrite ; et les projections verticales correspondantes $a'a'_1$, $b'b'_1$, $c'c'_1$ doivent pareillement concourir en un point o', projection verticale de ce centre.

Il suffit donc, pour résoudre la question, de construire la projection horizontale $a_1b_1c_1$ de la section faite dans la pyramide OABC par le plan horizontal x_1y_1.

Pour déterminer le côté b_1c_1, on fait tourner le plan SBC autour de la verticale passant en s, de manière à le rendre parallèle au plan vertical (90). On obtient ainsi, en $s'p'_1x$, l'inclinaison de la face SBC sur le plan horizontal. Menant la bissectrice $p'_1m'_1$ de cet angle $s'p'_1x$, et faisant revenir le point (m_1,m'_1) à sa position primitive, on a, en m, un point de la droite b_1c_1. La même construction, appliquée aux deux plans SAB, SAC, donne les deux côtés du triangle $a_1b_1c_1$. Ce triangle étant construit, on obtient, comme nous l'avons expliqué, les projections o,o' du centre O de la sphère inscrite.

La sphère est tangente au plan horizontal; donc son rayon est égal à $o'\omega$, élévation du centre au-dessus de ce plan.

PROBLÈME XLVIII.

Construire une sphère tangente aux quatre faces d'un tétraèdre.

138. Ce problème est la généralisation du précédent. Si l'on suppose, en effet, que les quatre plans qui composent les faces d'un tétraèdre soient indéfiniment prolongés, on pourra se proposer de chercher toutes les sphères qui touchent à la fois ces quatre plans.

Afin de déterminer, en premier lieu, quel peut être le nombre de ces sphères, observons que le plan de la base ABC du tétraèdre, prolongé indéfiniment, forme, avec les

5

trois autres faces, six angles dièdres, dont trois sont *inté-rieurs*, et dont les trois autres sont *extérieurs*.

Pour qu'un point soit également distant des quatre faces du tétraèdre, il faut qu'il soit situé sur trois des plans bis-secteurs de ces six angles dièdres. Si donc P, Q, R sont les plans bissecteurs des angles *intérieurs*, et que P', Q', R' soient les plans bissecteurs des angles *extérieurs*, il y aura autant de sphères satisfaisant à la question que de points déterminés par les combinaisons suivantes des plans bis-secteurs :

$$P, Q, R; \quad P, Q, R'; \quad P, Q', R'; \quad P', Q' R'.$$
$$Q, R, P'; \quad Q, R', P';$$
$$R, P, Q'; \quad R, P', Q';$$

Le nombre de ces points, et par conséquent le nombre des sphères cherchées, est donc au plus égal à *huit*.

139. La sphère déterminée par les plans P, Q, R, c'est-à-dire la sphère *inscrite* au tétraèdre, existe toujours.

Il en est de même pour les *quatre* sphères déterminées par les plans

$$P, \quad Q, \quad R';$$
$$Q, \quad R, \quad P';$$
$$R, \quad P, \quad Q';$$
$$P', \quad Q', \quad R',$$

que l'on appelle *sphères ex-inscrites*, et qui sont telles, que chacune d'elles touche une des faces du tétraèdre et les pro-longements des trois autres faces.

Soient, par exemple, les trois plans bissecteurs P', Q', R'. Il est évident que chacun de ces plans fait, avec le *prolongement* de la face ABC, *un angle dièdre aigu*; conséquemment, ces trois plans ne peuvent se couper deux

à deux suivant des droites parallèles, de manière à former
les faces d'un prisme triangulaire ; donc *ils se coupent en
un seul point, centre de la sphère ex-inscrite suivant la face*
ABC. La même démonstration s'appliquerait aux sphères
ex-inscrites suivant les trois autres faces, et il est facile de
reconnaître que leurs centres seraient donnés par les combinaisons

$$P, \; Q, \; R';$$
$$Q, \; R, \; P';$$
$$R, \; P, \; Q';$$

des six plans bissecteurs.

140. Considérons maintenant le tétraèdre ABCD, et Fig. 87.
supposons ses différentes faces prolongées ainsi que l'indique la figure : nous obtiendrons ainsi deux espaces indé-
finis BCEFGH, ADIKLM, terminés chacun par quatre
plans, et s'appuyant sur les deux arêtes opposées BC, AD.
Ces espaces, dont la forme est assez bien indiquée par
celle d'un *comble à quatre pentes*, ont été désignés sous
les noms d'*angles prismatiques* et de *bi-angles*. On conçoit
que, dans certains cas, une sphère puisse être inscrite à
un angle prismatique. Il semblerait donc, d'après cela, que
les sphères inscrites aux *six* angles prismatiques obtenus
en considérant ces trois couples d'arêtes opposées, peuvent être au nombre de six ; mais il est aisé de démontrer
que si l'on peut inscrire une sphère à l'angle prismatique
BCEFGH, il n'est pas possible d'en inscrire une à l'angle
prismatique opposé, et réciproquement.

En effet, quelle que soit la position de la sphère cherchée, son centre doit se trouver sur les plans bissecteurs
des angles dièdres *intérieurs* dont les arêtes sont AD, BC.
Le premier plan bissecteur rencontre l'arête BC en un

point U *situé entre* B et C. De même, le second plan bissecteur rencontre AD en un point V, *situé entre* A et D.
Le centre cherché doit donc se trouver sur la droite UV,
intersection des deux plans bissecteurs. Ce centre doit aussi
se trouver sur le plan R′, bissecteur de l'angle dièdre *extérieur* ayant pour arête AB; d'ailleurs une droite ne peut
rencontrer un plan qu'en un seul point; donc, etc.

On peut observer encore que le plan R′ est extérieur au
tétraèdre, dans lequel est située la droite UV; donc le centre
de la sphère dont il s'agit sera *sur le prolongement* de UV,
soit en O′, dans l'angle prismatique BCEFGH, soit en O″,
dans l'angle prismatique ADIKLM.

S'il arrive que le plan R′ soit parallèle à la droite UV,
le centre de la sphère est transporté à l'infini, ou plutôt
cette sphère n'existe pas.

Au lieu de déterminer le centre O′ ou le centre O″ par
l'intersection du plan P passant suivant BC, du plan R′
passant suivant AB et du plan bissecteur ADU, on pourrait
l'obtenir au moyen de la combinaison des plans P, R′ et Q′;
en supposant que Q′ soit le plan bissecteur de l'angle dièdre
extérieur dont l'arête est AC. Nous retombons ainsi sur la
combinaison P, R′, Q′, indiquée plus haut.

Nous voyons donc que les sphères déterminées par les
combinaisons

$$P,\ R',\ Q';$$
$$Q,\ P',\ R';$$
$$R,\ Q',\ P';$$

peuvent, en tout ou en partie, ne pas exister; c'est-à-dire
que le nombre des solutions du problème peut être réduit
à *cinq*. Mais peut-il s'élever à *huit*, à *sept* ou même à *six*?
C'est ce qu'il convient d'examiner; car, dans les dé-

veloppements précédents, rien ne prouve qu'en général la droite UV rencontrera le plan R′, ou, ce qui est la même chose, que les plans P, R′, Q′ se couperont en un point unique.

141. Afin d'éclaircir cette partie de la question, nous commencerons par démontrer la proposition suivante.

THÉORÈME I. — *Dans tout tétraèdre, le plan bissecteur de chaque angle dièdre partage l'arête opposée en deux segments proportionnels aux aires des faces adjacentes.*

Considérons, par exemple, le plan AUD, qui divise en deux parties égales l'angle dièdre intérieur ayant pour arête AD. Il s'agit de démontrer que

$$\frac{BU}{CU} = \frac{C}{B},$$

en représentant l'aire d'une face par la lettre qui indique le sommet opposé à cette face.

Projetons la figure sur un plan quelconque perpendicu- FIG. 88.
laire à AD. Cette droite aura pour projection un point I ; et les plans ABD, AUD, ACD, étant perpendiculaires au plan de projection, auront pour traces des droites IB′, IU′, IC′ telles, que IU′ *sera la bissectrice de l'angle formé par* IB′ et IC′. Enfin la droite BUC se projettera suivant une droite B′U′C′.

Cela posé, un théorème de Géométrie élémentaire donne

$$\frac{B'U'}{C'U'} = \frac{B'I}{C'I}.$$

Mais il est clair que B′U′, C′U′ sont des droites proportionnelles à BU, CU, et que B′I, C′I sont égales, respectivement, aux perpendiculaires abaissées des points B, C sur la base AD des triangles ABD, ACD. La proportion précédente revient donc à celle qu'il s'agissait de démontrer.

Fɪɢ. 89.   142. Supposons qu'après avoir mené la droite UV, déterminée par les proportions

$$\frac{BU}{CU} = \frac{C}{B}, \quad \frac{AV}{DV} = \frac{D}{A},$$

on mène, semblablement, la droite ST, qui rencontre les arêtes opposées AB, CD, de manière que

$$\frac{AS}{BS} = \frac{B}{A}, \quad \frac{DT}{CT} = \frac{C}{D}.$$

D'après ce qui précède, *chacune des droites doit contenir le centre de la sphère inscrite au tétraèdre ;* donc, puisque ce centre existe, les deux droites se coupent. De là, ce théorème :

Tʜᴇ́ᴏʀᴇ̀ᴍᴇ II. — *Les droites qui partagent les arêtes opposées d'un tétraèdre, chacune en deux segments additifs proportionnels aux faces adjacentes à ses deux extrémités, se coupent toutes les trois en un même point, centre de la sphère inscrite au tétraèdre.*

143. Du reste, on peut démontrer directement que les droites UV, ST se coupent, en observant que les proportions précédentes donnent

$$AS.DT.CU.BS = AS.BU.CT.DV.$$

144. Au lieu de partager les arêtes en segments additifs, supposons qu'on les partage en segments soustractifs, de manière à satisfaire aux proportions

$$\frac{AX'}{CX'} = \frac{C}{A}, \quad \frac{DY'}{BY'} = \frac{B}{D}, \quad \frac{DT'}{CT'} = \frac{C}{D}, \quad \frac{AS'}{BS'} = \frac{B}{A}.$$

Comme ces proportions donnent

$$AS'.BY'.CX'.DT' = AX'.BS'.CT'.DY',$$

on conclut encore que les droites $S'T'$, $X'Y'$ sont dans un même plan. Donc, *en général,* elles se couperont en un même point O', situé aussi sur la droite VU. Ce point sera le centre de l'une des sphères situées dans les angles prismatiques.

145. Pour que cette sphère n'existe pas, il faut que les droites UV, $X'Y'$, *toujours situées dans un même plan,* soient parallèles entre elles. Cherchons dans quel cas aura lieu ce parallélisme.

Les proportions

$$\frac{AX'}{CX'} = \frac{C}{A}, \quad \frac{CT}{DT} = \frac{D}{C}, \quad \frac{DV}{AV} = \frac{A}{D}$$

donnent $\quad AX'.CT.DV = CX'.DT.AV$;

ainsi, les points X', T, V sont en ligne droite, et AVX' est un triangle. A cause de la transversale DTC, nous aurons donc

$$AC.TX'.DV = AD.VT.CX'.$$

De même, UTY' est une droite ; et le triangle BUY', coupé par la transversale DTC, donne

$$BC.UT.DY' = BD.TY'.CU.$$

Maintenant, les deux droites VU, $X'Y'$ étant supposées parallèles, on a

$$\frac{VT}{UT} = \frac{TX'}{TY'}.$$

Si l'on multiplie membre à membre les deux premières égalités, et qu'on ait égard à la dernière, on obtient

$$AC.BC.DV.DY' = AD.BD.CU.CX',$$

ou
$$\frac{AC}{CX'} \cdot \frac{BC}{CU} = \frac{AD}{DV} \cdot \frac{BD}{DY'}.$$

Mais, ainsi qu'il est aisé de le reconnaître,

$$\frac{AC}{CX'} = \frac{C-A}{A}, \frac{BC}{CU} = \frac{B+C}{B}, \frac{AD}{DV} = \frac{A+D}{A}, \frac{BD}{DY'} = \frac{D-B}{B};$$

donc
$$(C-A)(B+C) = (A+D)(D-B),$$

ou
$$\frac{C-A}{D-B} = \frac{A+D}{B+C} = \frac{C+D}{C+D}.$$

Cette proportion exige que $A+D = B+C$.

Ainsi, pour que la sphère O' disparaisse, *il faut et il suffit que la somme des faces qui ont AD pour arête commune soit équivalente à la somme des deux autres faces.*

146. Nous avons supposé, dans tout ce qui précède, que l'on n'a pas, à la fois, $C = A$ et $D = B$. Si ces deux conditions étaient vérifiées, les points X', Y' seraient transportés à l'infini, aussi bien que la sphère O'. En même temps, comme les sommes $A + B$ et $C + D$ seraient égales, la sphère inscrite à l'un des angles prismatiques ayant pour arête AD ou CD, aurait un rayon infini; c'est-à-dire que le nombre des sphères tangentes aux quatre plans serait réduit à *six*.

147. En résumé :

1° *Quand la somme des aires de deux des faces du tétraèdre est égale à la somme des aires des deux autres faces, les sphères de la troisième espèce se réduisent à deux;*

2° *Si les faces du tétraèdre sont équivalentes deux à deux, il n'y a plus qu'une sphère de la troisième espèce ;*

3° *Enfin, si les quatre faces du tétraèdre sont équivalentes entre elles, les sphères inscrites aux angles prismatiques se transportent toutes les trois à l'infini.*

On vérifie ces conclusions en cherchant les relations qui existent entre les rayons des trois sphères, les aires des faces et le volume V du tétraèdre : ces relations sont

$$\pm V = \frac{1}{3} R_1 (A + B - C - D) ;$$

$$\pm V = \frac{1}{3} R_2 (A + C - B - D) ;$$

$$\pm V = \frac{1}{3} R_3 (A + D - B - C).$$

CHAPITRE VII.

Exercices.

PROBLÊME XLIX.

Mener un plan parallèle à un plan donné, et qui en soit distant
d'une longueur donnée.

148. Si l'on prend, pour nouveau plan vertical de projection, un plan x_1y_1 perpendiculaire au plan donné $\alpha\beta\gamma$ et
au plan cherché $\alpha'\gamma'\beta'$, la distance entre les traces verticales auxiliaires $\beta_1\gamma_1$, $\beta'_1\gamma'_1$ sera évidemment égale à la
distance donnée. De cette remarque résulte la construction
indiquée sur la figure 90.

Il est clair que le problème admet une seconde solution.

PROBLÈME L.

Par un point donné A, mener une droite qui fasse, avec la ligne de terre,
un angle donné.

149. Supposons le problème résolu, et faisons tourner
Fig. 92.   autour de la ligne de terre la droite cherchée AB, jusqu'à
ce qu'elle se rabatte sur le plan horizontal. Dans ce mouvement, le point B, où cette droite rencontre xy, ne variera
pas. Si donc, par le rabattement A_1 du point A, nous menons une droite A_1b qui coupe xy sous l'angle donné, nous
obtiendrons le point inconnu b.

PROBLÈME LI.

Par un point donné O, mener une droite qui coupe, sous un angle donné, une droite donnée AB.

150. Ce problème est la généralisation de celui qui pré- FIG. 93.
cède. Pour le résoudre, on fait passer un plan par le point
O et par la droite AB ; on rabat ce plan sur l'un des plans
de projection ; par le rabattement du point O on mène une
droite qui coupe, sous l'angle donné, le rabattement de
AB : la droite ainsi tracée est le rabattement de celle que
l'on cherche. Il ne reste plus qu'à revenir du rabattement
aux projections.

Le problème admet évidemment deux solutions.

PROBLÈME LII.

Connaissant la projection verticale d'une droite, un de ses points et l'angle qu'elle fait avec le plan horizontal, construire sa projection horizontale.

151. Soit $a'b'$ la projection verticale de la droite, et FIG. 94.
soient o, o' les projections de l'un de ses points. Il est clair
que la droite sera déterminée quand on connaîtra sa trace
horizontale a.

Or, si la droite inconnue tourne autour de la verticale
passant par le point O, de manière à devenir parallèle au
plan vertical, l'angle θ qu'elle forme avec le plan horizontal
se projette en vraie grandeur. Donc, pour déterminer cette
seconde position de la droite, on mène $o'a'_1$ coupant la
ligne de terre sous l'angle θ, etc.

152. *Remarque.* Le problème admet généralement deux
solutions ; il peut n'en admettre qu'une ; il peut être impossible.

PROBLÈME LIII.

Par un point donné, mener une droite qui fasse, avec un plan donné,
un angle donné, et qui rencontre une droite donnée.

Fig. 95.   153. Par le point donné O et par la droite donnée AB,
faisons passer un plan : soit CD l'intersection de ce plan
avec le plan donné P. En second lieu, abaissons du point O
une perpendiculaire au plan P, et soit I le pied de cette
droite. Enfin, supposons que la droite cherchée rencontre CD
en un point M. Dans le triangle OIM, rectangle en I, l'angle
OMI est égal à l'angle donné θ, et le côté OI, *distance d'un
point donné à un plan donné*, peut être facilement déterminé. Nous pouvons donc construire un triangle $O'_1 I'_1 M'_1$
égal à OIM, et obtenir la grandeur du côté égal à IM. Il
suffira ensuite, pour obtenir le point M, de trouver l'intersection de la droite CD avec une circonférence de rayon IM,
décrite du point I comme centre. C'est ce qui se fait aisément au moyen d'un rabattement.

PROBLÈME LIV.

Par un point donné, mener une droite qui fasse, avec les plans de projection,
des angles donnés.

Fig. 96.   154. 1° Supposons que le point donné (a, a') appartienne
au plan vertical, et qu'on veuille mener, de ce point, une
droite AB qui fasse un angle α avec le plan horizontal et un
angle β avec le plan vertical. Cette droite forme, avec sa
projection horizontale et avec aa', un triangle rectangle
dans lequel on connaît le côté aa' et l'angle opposé α. Pour
rabattre ce triangle en vraie grandeur sur le plan vertical,

il suffit de faire l'angle $aa'b_1$ égal au complément de α : $a'b_1$ sera le rabattement de AB.

Cette même droite AB forme, avec sa projection verticale et avec bb', un autre triangle rectangle dans lequel l'angle aigu adjacent au sommet a' est égal à β. En décrivant, sur b_1a' comme diamètre, une demi-circonférence, et construisant l'angle $b_1a'c$ égal à β, on obtiendra le triangle rectangle b_1ca' égal au triangle dont il vient d'être question. Il ne s'agit donc plus que de tracer les projections $a'b'$ et ab, égales respectivement à $a'c$ et $a'b_1$; ce qui ne présente aucune difficulté.

2° Si le point donné, au lieu d'être situé sur le plan vertical, avait une position quelconque (p, p'), il suffirait, pour résoudre la question, de mener les droites pq, $p'q'$ respectivement parallèles à ab, $a'b'$.

PROBLÈME LV.

Connaissant les projections horizontales, les traces horizontales et l'angle de deux droites situées dans un même plan, trouver les projections verticales de ces droites.

155. Si le plan des deux droites tourne autour de sa Fig. 97. trace horizontale bd, le triangle Obd, projeté horizontalement suivant obd, se rabat suivant un triangle égal O$_2bd$, dont il s'agit de déterminer le sommet O$_2$. Or, ce sommet est évidemment l'intersection de op perpendiculaire à bd (108), et de l'arc bO_2d capable de l'angle donné. Connaissant le rabattement O$_2$ et la projection horizontale du point O, on obtient aisément la projection verticale o' de ce point.

PROBLÈME LVI.

Par une droite donnée, faire passer un plan qui fasse, avec le plan horizontal,
un angle donné.

Fig. 98.   156. En premier lieu, les traces du plan cherché doivent
passer par les traces a, b' de la droite donnée. D'un autre
côté, si l'on imagine la perpendiculaire bp à la trace horizontale inconnue $\alpha\beta$, l'angle p du triangle rectangle déterminé par bp et par bb' est égal à l'angle donné θ (122).
On peut rabattre ce triangle sur le plan vertical, en $b'bq$;
et l'on détermine ainsi la distance du point b à la trace
horizontale inconnue $\alpha\beta$. On obtiendra donc cette trace
horizontale en décrivant, du point b comme centre, avec bq
pour rayon, un arc de cercle, et en menant à cet arc, par
le point a, une tangente ap.

157. *Discussion.* Lorsque la trace horizontale a de la
droite donnée est située hors de la circonférence décrite du
point b comme centre, avec bq pour rayon, il y a deux plans,
$\alpha\beta\gamma$ et $\alpha'\beta'\gamma'$, qui répondent à la question. Quand le point
a est situé sur la circonférence, il n'y a qu'une solution ;
enfin le problème est impossible lorsque le point a est intérieur à la circonférence.

PROBLÈME LVII.

Par un point donné, faire passer un plan qui fasse, avec les deux plans
de projection, des angles donnés.

Fig. 99.   158. Supposons d'abord que le point donné (o, o') appartienne au plan horizontal ; et soit $\alpha\beta\gamma$ le plan cherché, qui
doit faire, avec les plans de projection, les angles donnés
α, β.

Du point o, menons une droite oa faisant, avec la ligne de terre, un angle égal à β : le triangle oao' pourra être considéré comme étant le rabattement de la section faite, dans le plan cherché, par un plan $oo'b$, perpendiculaire à la trace verticale inconnue $\beta\gamma$. Conséquemment, cette trace verticale sera tangente à la circonférence décrite du point o' comme centre, avec $o'a$ pour rayon.

D'un autre côté, si nous imaginons, par le point o', une verticale $o'c$ et une perpendiculaire au plan cherché, l'angle de ces deux droites sera égal à α. Or, la perpendiculaire dont il s'agit est située dans le plan $oo'b$; donc son rabattement autour de oo' est $o'm$ perpendiculaire à oa. Il suit de là que si l'on construit l'angle $mo'n = \alpha$, on aura $o'n = o'c$. Le point c est donc déterminé, etc.

Si le point donné, au lieu d'être situé sur le plan horizontal, occupe dans l'espace une position quelconque (p, p'), il suffira, pour résoudre la question, de mener par (p, p') un plan $\alpha'\beta'\gamma'$ parallèle à $\alpha\beta\gamma$.

PROBLÈME LVIII.

Par un point donné, faire passer un plan qui soit perpendiculaire à un plan donné, et qui fasse, avec le plan horizontal, un angle donné.

159. Du point donné, on abaisse une perpendiculaire sur le plan donné, puis on fait passer par cette perpendiculaire un plan faisant, avec le plan horizontal de projection, l'angle donné θ (Probl. LVI). Il est clair que ce plan satisfait à la question.

PROBLÈME LIX.

Étant donnée la projection horizontale d'une droite perpendiculaire à une droite
donnée en un point donné, trouver la projection verticale.

160. Supposons que AB soit une droite donnée, que
l'on connaisse la projection horizontale d'une droite AP
perpendiculaire à AB au point donné A, et qu'on demande
la projection verticale de AP. Pour résoudre ce problème,
on mènera, par le point A, un plan perpendiculaire à la
droite donnée AB : ce plan contiendra nécessairement la
droite cherchée AP. Par conséquent, on sera conduit à chercher la projection verticale d'une droite située dans un plan
donné, connaissant la projection horizontale de cette ligne.
(Probl. IX.)

PROBLÈME LX.

Trouver l'intersection de deux plans donnés par leurs traces horizontales
et les angles qu'ils font avec le plan horizontal de projection.

Fig. 100.   161. Soient $\alpha\beta$, $\lambda\mu$ les traces horizonzales des deux
plans P, Q, et soient θ, ω les angles de ces plans avec le
plan horizontal. Par le point c, où se coupent les traces
horizontales, faisons passer deux plans, l'un perpendiculaire
à $\alpha\beta$, l'autre perpendiculaire à $\lambda\mu$. Si l'on rabat chacun
de ces plans verticaux autour de sa trace horizontale, leurs
intersections avec les plans P, Q deviendront des droites
ef, cg, faisant, avec cd, ce, des angles égaux à θ, ω. Actuellement, coupons les plans P, Q par un plan horizontal
quelconque y_1y_1 : les projections horizontales pm, qm des
deux intersections se construiront aisément si cd, ce sont
prises comme *lignes de terre* auxiliaires (78). Par suite,

cm sera la projection horizontale de l'intersection des plans P, Q ; et si nous menons cc', mm', perpendiculaires à la ligne de terre, nous obtiendrons $c'm'$ pour la projection verticale de cette même intersection.

162. *Remarque.* Par la construction très-simple indiquée sur l'épure, on obtient les traces verticales $\alpha a'$, $b\beta'$ des plans P, Q ; et comme on peut employer ces traces verticales pour déterminer l'intersection des deux plans, le problème comporte plusieurs vérifications.

PROBLÈME LXI.

Trouver la projection verticale d'un angle trièdre tri-rectangle,
dont la projection horizontale est donnée.

163. Soit s la projection horizontale du sommet de l'angle F<small>IG</small>. 101. trièdre, et soient sa, sb, sc les projections horizontales de ses trois arêtes. Si nous coupons les trois faces par un plan horizontal quelconque, les trois intersections seront projetées horizontalement suivant des droites perpendiculaires aux projections des arêtes correspondantes. Conséquemment, nous mènerons une droite quelconque bc perpendiculaire à sa ; puis, des points b, c, nous abaisserons sur sc, cb, les perpendiculaires ba, ca, *lesquelles se couperont sur as* (*) ; et ces trois droites bc, ba, ca pourront être regardées comme les traces horizontales des trois faces de l'angle trièdre.

Actuellement, supposons que l'une quelconque des faces de l'angle trièdre, la face Sab, par exemple, tourne autour

(*) Cette proposition, réciproque de ce théorème : *les trois hauteurs d'un triangle se coupent en un même point*, se démontre très-aisément au moyen de la *réduction à l'absurde*.

6

de sa trace horizontale *ab*, pour se rabattre sur le plan du triangle *abc*.

Le rabattement du sommet S doit se trouver sur le prolongement de la droite *cs*, perpendiculaire à *ba*. D'ailleurs, l'angle *aSb* est droit ; donc ce même rabattement doit être situé sur la circonférence décrite sur *ab* comme diamètre ; c'est-à-dire qu'il sera en *s′*.

Connaissant le rabattement du sommet S et sa projection horizontale *s*, il nous sera bien facile d'obtenir sa projection verticale *s″*. Le problème peut donc être regardé comme résolu.

PROBLÈME LXII.

Par un point donné, mener une droite qui fasse, avec deux droites données, des angles donnés.

164. Par le point donné O, menons des parallèles OA, OB aux deux droites données, et soit OC une droite inconnue qui fasse, avec OA, OB, des angles respectivement égaux aux angles donnés : il est clair que cette droite OC satisfera à la question.

Or, les trois droites OA, OB, OC forment un angle trièdre dans lequel les deux arêtes OA, OB sont données, et dans lequel on connaît, en outre, les deux faces COA, COB. Si les droites OA, OB étaient situées dans l'un des plans de projection, la question se réduirait au Problème XLII ; mais, comme ces droites ont des positions quelconques, nous construirons l'épure ainsi qu'il suit :

Faisons tourner les droites OA, OB autour de la verticale passant par le point O, jusqu'à ce que chacune d'elles devienne parallèle au plan vertical, nous obtiendrons, pour leurs rabattements, $o'a''$ et $o'b''$. Menons les droites $o'c_1$, Fig. 102. $o'c_2$, égales entre elles, et faisant, avec $o'a''$, $o'b''$, des angles égaux aux angles donnés. Les points c_1, c_2 pourront être regardés comme les rabattements d'un même point C de l'arête cherchée OC, l'un des rabattements étant effectué autour de OA, et l'autre autour de OB.

Par ce point inconnu C, imaginons deux plans, respectivement perpendiculaires à OA et à OB. Si nous pouvons déterminer ces deux plans, leur intersection contiendra le point C; et comme ce point est distant du point O d'une longueur égale à $o'c_1$, nous serons ramenés au Problème XXX.

Si l'arête OA était parallèle à son rabattement $o'a''$, le premier des deux plans cherchés aurait pour traces $c_1\alpha$ perpendiculaire à $o'a''$, et $\alpha\beta$ perpendiculaire à la ligne de terre. Mais, si nous supposons que la droite OA tourne autour de la verticale passant en O, de manière à reprendre sa position véritable, le plan perpendiculaire à cette droite se mouvra de telle sorte que sa trace horizontale restera à une distance constante de l'axe (Pr. XXVII). Si donc, sur oa, nous prenons $o\beta' = o\beta$, et que nous menions $\beta'\alpha'$ perpendiculaire à oa, puis $\alpha'\nu'$ perpendiculaire à $o'a'$, le plan $\beta'\alpha'\nu'$ sera l'un des deux plans passant par le point inconnu C.

Une construction analogue donnera, pour le second plan, $\delta'\gamma'\mu'$. L'intersection de ces deux plans est projetée suivant ef, $e'f'$.

Actuellement, par le point O et la droite EF, faisons passer un plan $\lambda\varepsilon\varphi$, puis rabattons-le sur le plan vertical de projection. Nous trouverons, pour rabattement du point

O, le point o'', et $e'f''$ pour rabattement de la droite EF (*).
Si nous décrivons, du point o'' comme centre, avec un
rayon égal à $o'c$, l'arc $c''d''$, il coupera la droite $e'f''$ en
deux points c'',d'', rabattements respectifs du point cherché C et d'un autre point D, qui satisfait également à la
question.

En revenant des rabattements aux projections, nous trouvons que le point C se projette en c, c', et que le point D
a pour projections d, d'. La droite cherchée OC est donc,
finalement, représentée par oc, $o'c'$; et il y a une seconde
droite $(od, o'd')$, qui satisfait aussi au problème proposé.

PROBLÈME LXIII.

Mener une droite qui s'appuie sur deux droites données, non situées dans un
même plan, et qui fasse, avec ces droites, des angles respectivement
égaux à des angles donnés.

165. Par un point quelconque O, menons des parallèles
OA, OB aux deux droites données, et cherchons une droite
OC qui fasse, avec OA, OB, des angles respectivement égaux
aux angles donnés (Prob. LXII) : il est clair que OC sera
parallèle à la droite cherchée. Il suffit donc, pour résoudre
le problème proposé, de mener une droite parallèle à OC,
et qui rencontre les deux droites données (Prob. XV).

PROBLÈME LXIV.

Projeter, sur un plan quelconque P, un dodécaèdre régulier.

166. Le *dodécaèdre régulier* est un polyèdre ayant pour
faces douze pentagones réguliers, égaux entre eux. On con-

(*) Sur l'épure, on a supprimé les constructions qui donnent ces
deux rabattements.

clut aisément, de cette définition, que les *trente* angles dièdres de ce corps sont égaux, et qu'il en est de même pour les *vingt* angles dièdres (*).

Pour obtenir la projection du dodécaèdre sur un plan quelconque, nous commencerons par projeter ce corps sur un plan parallèle à deux faces opposées : ces deux plans, perpendiculaires entre eux, seront regardés, l'un comme horizontal, l'autre comme vertical.

167. Soit *abcde* un pentagone régulier égal à chacune des faces du dodécaèdre. Nous supposerons que ce pentagone est la projection de la face inférieure ABCDE : cette face se projette verticalement suivant la parallèle $a'e'd'$ à la ligne de terre xy. De plus, les arêtes *obliques* qui partent des sommets A, B, C, D, E, ont évidemment leurs projections horizontales égales entre elles, et dirigées suivant les prolongements des rayons oa, ob, oc, od, oe. Conséquemment, la projection horizontale du polyèdre serait déterminée, si l'on connaissait *en grandeur* la projection d'une seule de ces arêtes.

Le plan vertical étant supposé perpendiculaire à l'arête AB, soit ABHGF la face *oblique* adjacente à cette arête. On peut regarder ABCDE comme un *rabattement* de ABHGF, effectué autour de AB. Par conséquent, la projection horizontale f, déjà située sur le prolongement de oa, se trouve aussi sur la parallèle ef à la ligne de terre : cette projection f est donc connue. Quant à la projection verticale correspondante f', elle appartient à l'arc $e'f'$, décrit du point a' comme centre.

Par suite, si l'on décrit une circonférence passant en f et concentrique avec *abcde,* le décagone régulier $fgh...q$ sera

Pl. XI.

(*) *Éléments de Géométrie*, p. 256.

la projection horizontale du contour polygonal formé par les arêtes FG, GH,... QF du dodécaèdre. D'ailleurs, les sommets F, H, K, M, P sont dans un plan horizontal, et les sommets G, I, L, N, O, dans un autre plan horizontal; etc. (*).

168. Supposons maintenant que le plan P soit donné par sa trace horizontale $\alpha\beta$ et par son inclinaison à l'égard du plan horizontal. Prenons, pour plan vertical auxiliaire, un plan perpendiculaire à $\alpha\beta$. Au moyen de la projection horizontale H et de la projection verticale V, on construit, sans aucune difficulté, la nouvelle projection verticale auxiliaire V_1 (Prob. XX). D'ailleurs, le plan P étant perpendiculaire au plan vertical auxiliaire, sa trace verticale $\beta\gamma$ fait, avec la nouvelle ligne de terre $x_1 y_1$, un angle égal à l'angle donné. Il ne s'agit donc plus que d'abaisser, des points (a, a_1), (b, b_1),... des perpendiculaires sur le plan $\alpha\beta\gamma_1$, et de rabattre, autour de $\alpha\beta$, les pieds de ces arêtes. On obtient ainsi la figure V_2, projection du dodécaèdre sur le plan P.

PROBLÈME LXV.

Trouver les projections d'une circonférence passant par trois points donnés (**).

FIG. 91.   169. Soient (a, a'), (b, b') et (c, c') les trois points donnés. On fait passer un plan $\alpha\beta\gamma$ par ces trois points; on le

---

(*) Au lieu de déterminer le point f par l'intersection des droites af, ef, ce qui pourrait conduire à des résultats peu exacts, il vaut évidemment mieux construire l'angle $g'a'd'$. Or, par la formule fondamentale de la trigonométrie sphérique, ou par d'autres considérations plus élémentaires, on trouve que la *tangente* de cet angle est égale à (-2) : autrement dit, *la droite* $a'g'$ *est l'hypoténuse d'un triangle dans lequel le côté vertical est double du côté horizontal.*

(**) Suivant l'usage, nous faisons suivre ces *Exercices sur la ligne droite et le plan,* de quelques problèmes très-simples, relatifs au cercle et à la sphère.

fait tourner autour de sa trace horizontale, et l'on détermine les rabattements A_1, B_1, C_1 des trois points donnés. On décrit ensuite la circonférence qui passe par les points A_1, B_1, C_1; et il ne s'agit plus que de revenir du rabattement aux deux projections.

Or, si l'on prend, sur la circonférence O_1, un certain nombre de points M_1, N_1, P_1...; qu'on en cherche les projections (75); enfin, qu'on unisse les deux séries de points ainsi obtenus, par deux *traits continus mnp...*, $m'n'p'$...; les deux *ellipses mnp...*, $m'n'p'$... seront les projections cherchées.

Pour compléter l'épure, on construit les projections o, o' du centre de la circonférence. Ces points sont les *centres* des ellipses correspondantes.

PROBLÈME LXVI.

Trouver, sur un plan perpendiculaire à une droite donnée, le lieu des pieds de toutes les droites qui, partant d'un des points de la perpendiculaire, font avec cette droite un angle donné.

170. AB étant la droite donnée et O le point pris sur cette droite, cherchons le point C où la droite perce le plan donné P. Soit ensuite M un quelconque des points satisfaisant à la question. Si nous considérons le triangle MCO, évidemment rectangle en C, nous verrons que le côté OC est constant, et que l'angle aigu O est égal à l'angle donné θ. Conséquemment, le lieu géométrique cherché est une circonférence ayant pour centre le point C.

Il faudra donc, pour construire l'épure :

1° Chercher les deux projections et le rabattement du point C, situé dans le plan donné P ; 2° construire la droite OC en véritable grandeur ; 3° construire un triangle rectangle OCM, connaissant le côté OC de l'angle droit, et l'angle aigu C, égal à l'angle donné θ; 4° chercher les deux projections d'une circonférence située dans le plan P, connaissant le rayon CM et le rabattement du centre.

PROBLÈME LXVII.

Trouver les points de rencontre d'une droite et d'une sphère données.

FIG. 103.   171. Soient ab, $a'b'$ les projections de la droite, et o, o' les projections du centre de la sphère. Si, de ces deux points pris comme centres, nous décrivons des circonférences ayant pour rayon le rayon de la sphère, ces deux lignes seront les projections des contours apparents de la surface, soit par rapport au plan horizontal, soit par rapport au plan vertical. Autrement dit, les deux circonférences oc, $o'c'$ pourront être regardées comme étant les *deux projections* de la sphère.

Cela posé, pour déterminer les points où la droite AB perce la sphère; menons, suivant cette droite, un plan qui rencontre la sphère; et pour plus de simplicité dans les constructions, choisissons l'un des plans projetants de la droite, par exemple, le plan vertical ab. L'intersection de ce plan auxiliaire et de la sphère est une circonférence ayant pour diamètre le cercle ef. Si donc nous pouvons construire les projections des points où cette circonférence est rencontrée par la droite AB, nous aurons résolu le problème proposé.

Afin de n'avoir pas à construire la projection verticale de la circonférence ef, projection qui serait une *ellipse*, faisons tourner le plan vertical ef autour de la verticale projetée en o, jusqu'à ce qu'il devienne parallèle au plan vertical

de projection. Dans cette nouvelle position, la circonférence
gh se projette en vraie grandeur sur le plan vertical, suivant une circonférence ayant pour centre le point o. Quant
à la droite AB, on obtiendra facilement sa nouvelle projection verticale $a''b''$. (Prob. XXVI.)

Actuellement, la droite $a''b''$ coupe la circonférence $g'h'$
en deux points m'', n'', lesquels sont évidemment les *nouvelles* projections verticales des deux points cherchés. En
remettant la droite AB dans sa position primitive, on obtient les projections m, m' et n, n' de ces points.

PROBLÈME LXVIII.

Trouver le lieu des points de contact de toutes les tangentes menées,
par un point donné, à une sphère donnée.

172. On démontre facilement que ce lieu est une circonférence de petit cercle, dont le plan est perpendiculaire à
la droite qui joint le point donné au centre de la sphère
donnée. Si donc on peut construire un seul de ces points de
contact, on déterminera facilement le plan de la circonférence cherchée, puis le rabattement de cette ligne, et enfin
ses deux projections. (Prob. LXV.)

Parmi tous les plans passant par le point donné O et
par le centre C de la sphère, considérons celui qui est   Fig. 104.
vertical. Nous pouvons le faire tourner autour de la verticale passant en C, jusqu'à ce qu'il devienne parallèle au
plan vertical de projection. Soit alors O_1 la nouvelle position du point O. Si, de ce point O_1, nous menons des tangentes O_1A_1, O_1B_1 à la projection verticale de la sphère,
la corde de contact A_1B_1 représentera le petit cercle cherché, après son mouvement de rotation. Il sera facile main-

tenant, en revenant aux positions primitives, de trouver les projections des points dont A_1 et B_1 étaient les rabattements, puis les traces du plan du petit cercle, etc.

PROBLÈME LXIX.

Trouver l'intersection de deux sphères données.

173. Si le plan vertical passant par les centres des deux sphères était parallèle au plan vertical de projection, la circonférence suivant laquelle les deux sphères se coupent aurait évidemment pour projection verticale la corde commune aux projections verticales des deux sphères. Pour réduire le cas général du problème à ce cas particulier, on opérera comme ci-dessus, c'est-à-dire que, par exemple, on fera tourner la première sphère autour de la verticale passant par le centre de la seconde. Il sera facile alors de déterminer le plan de la ligne d'intersection des deux sphères, de sorte que l'on sera ramené au problème qui précède.

TABLE DES MATIÈRES

DE LA PREMIÈRE PARTIE.

CHAPITRE I.

NOTIONS PRÉLIMINAIRES.

CHAPITRE II.

INTERSECTION DES DROITES ET DES PLANS. — DROITES ET PLANS DÉTERMINÉS PAR DIVERSES CONDITIONS.

CHAPITRE III.

DES PROJECTIONS AUXILIAIRES.

CHAPITRE IV.

DÉTERMINATION DES DISTANCES.

CHAPITRE V.

ANGLES FORMÉS PAR DES DROITES ET DES PLANS.

FIN DE LA TABLE DES MATIÈRES DE LA PREMIÈRE PARTIE.

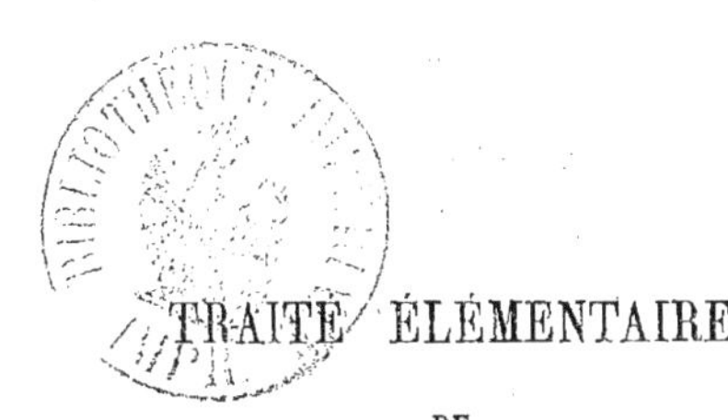

TRAITÉ ÉLÉMENTAIRE

DE

GÉOMÉTRIE DESCRIPTIVE

SECONDE PARTIE

PARIS. — IMPRIMÉ PAR E. THUNOT ET Cᵉ RUE RACINE, 26, PRÈS DE L'ODÉON.

TRAITÉ ÉLÉMENTAIRE

DE

GÉOMÉTRIE DESCRIPTIVE

PAR

EUGÈNE CATALAN

ANCIEN ÉLÈVE DE L'ÉCOLE POLYTECHNIQUE, DOCTEUR ÈS SCIENCES,
AGRÉGÉ DE L'UNIVERSITÉ, MEMBRE DE LA SOCIÉTÉ PHILOMATHIQUE, CORRESPONDANT
DES ACADÉMIES DES SCIENCES DE TOULOUSE, LILLE, LIÉGE,
ET DE LA SOCIÉTÉ D'AGRICULTURE DE LA MARNE.

SECONDE PARTIE

DES SURFACES COURBES

—

TEXTE

—

TROISIÈME ÉDITION, REVUE ET AUGMENTÉE

PARIS

DUNOD, ÉDITEUR

SUCCESSEUR DE VICTOR DALMONT,

Précédemmemt Carilian-Gœury et V°ʳ Dalmont,

LIBRAIRE DES CORPS IMPÉRIAUX DES PONTS ET CHAUSSÉES ET DES MINES.

Quai des Augustins, 49.

—

1864

TRAITÉ ÉLÉMENTAIRE

DE

GÉOMÉTRIE DESCRIPTIVE

SECONDE PARTIE.

CHAPITRE PREMIER.

Généralités sur les surfaces.

1. On sait que le plan peut être engendré, soit par une droite mobile rencontrant une droite donnée et restant parallèle à une autre droite donnée, soit par une droite assujettie à rester perpendiculaire à une même droite, en un même point.

De même, la sphère est le lieu des positions que prend une demi-circonférence tournant autour de son diamètre supposé fixe.

De même encore, lorsqu'une droite mobile tourne autour d'un axe fixe, situé dans un même plan avec elle, la surface décrite est celle d'un cylindre de révolution ou d'un cône de révolution.

Cette manière de considérer le plan, la sphère, le cy-

lindre et le cône, étendue à toutes les surfaces, conduit à
la définition suivante :

*Une surface est le lieu des positions que prend une ligne
qui change de situation, et même de forme, d'après une loi
déterminée et continue.*

Pour éclaircir cette définition, nous prendrons quelques
exemples.

Fig. 1. 2. Si une droite DE se meut en s'appuyant constamment sur une ligne fixe ABC, et en restant parallèle à
une droite donnée MN, le lieu de ses positions est ce qu'on
appelle une *surface cylindrique*.

La droite mobile, qui *engendre* la surface, se nomme
génératrice; ainsi DE, D'E', D"E",... sont différentes positions de la génératrice. La ligne fixe ABC, qui règle le
mouvement de la génératrice, est appelée *directrice*.

Si cette directrice est rectiligne, la surface cylindrique
se réduit à un plan.

Fig. 2. 3. *Une surface conique* est celle qui est engendrée par
une droite assujettie à s'appuyer sur une ligne fixe ABC,
et à passer par un point fixe O. Chacune des génératrices
DO, D'O, D"O,... pouvant être prolongée indéfiniment, de
part et d'autre du point O, la surface est formée de deux
parties, ou *nappes*. Le *point directeur* O, où ces nappes
se réunissent, est appelé *centre* de la surface conique.

Fig. 3. 4. Soient une droite fixe XY et une ligne quelconque
ABC. Menons, de différents points A, B, C,... de cette
ligne, des perpendiculaires AA', BB', CC',... à XY. Si
nous faisons tourner le système ABCA'B'C',... autour de
XY, chacun des points A, B, C,... décrit une circonférence ayant pour centre le pied de la perpendiculaire
correspondante, et dont le plan est perpendiculaire à

XY; et la ligne ABC engendre une *surface de révolution*.

Les circonférences décrites par les différents points de la génératrice ABC sont appelées *parallèles* de la surface, parce que leurs plans sont parallèles entre eux. La section MNP, faite par un plan passant suivant l'*axe de rotation* XY, est un *méridien*.

D'après la définition de la surface, *tous les méridiens sont égaux entre eux*.

5. Prenons pour directrice une ellipse ABA'B', et pour   Fig. 4. génératrice une ellipse CDC'D'. Si cette dernière courbe, supposée *toujours semblable à elle-même*, se meut de manière que son plan reste perpendiculaire à l'axe AA' de l'ellipse directrice, et que ses sommets C, C' parcourent celle-ci, la surface engendrée par cette génératrice *variable de grandeur*, surface évidemment fermée de toutes parts, sera ce qu'on appelle un *ellipsoïde*. Cette dénomination est fondée sur ce que la section faite dans la surface, par un plan quelconque, est une ellipse.

6. *Remarque.* Si l'ellipse génératrice se change en cercle, la surface engendrée, au lieu d'être un *ellipsoïde à trois axes inégaux*, devient un *ellipsoïde de révolution*. Si, de plus, l'ellipse directrice se réduit aussi à une circonférence, la surface engendrée se réduira elle-même à une sphère.

7. Remplaçons l'ellipse directrice de l'exemple précé-   Fig. 5. dent par une hyperbole EBFE'B'F', et ne changeons rien aux autres conditions. La surface engendrée sera, évidemment, indéfinie, et *sans solution de continuité*. On la nomme *hyperboloïde à une nappe*.

8. *Remarque.* Lorsque l'ellipse génératrice se trans-

forme en circonférence, la surface devient l'*hyperboloïde de révolution, à une nappe.*

FIG. 6.

9. Adoptons encore, pour directrice, une hyperbole EBFE'B'F'. Prenons ensuite, pour génératrice, une hyperbole DCGD'C'G', toujours semblable à elle-même, ayant son plan perpendiculaire à l'axe non transverse de l'autre hyperbole, et dont les sommets C, C' parcourent celle-ci. La surface ainsi engendrée est composée de deux parties séparées et indéfinies. Pour la distinguer de la surface que nous venons de considérer, on lui a donné le nom d'*hyperboloïde à deux nappes.*

10. *Remarque.* Si l'hyperbole génératrice est semblable à l'hyperbole directrice, la surface devient un *hyperboloïde de révolution, à deux nappes.*

FIG. 7.

11. Soient une parabole fixe ABC, et une parabole mobile DED'. Supposons que ces deux courbes aient leurs axes BG, EH parallèles et de *même sens*, et leurs plans perpendiculaires entre eux. Supposons, en outre, que la seconde courbe se meuve de manière que son sommet E parcoure la première. Nous obtiendrons ainsi une surface continue, indéfinie, et située tout entière d'un même côté du plan mené par le sommet de la parabole fixe, perpendiculairement à l'axe de celle-ci. On démontre facilement, par le calcul, que les sections planes de cette surface sont des paraboles ou des ellipses (*) : pour cette raison, on l'a nommée *paraboloïde elliptique.*

12. *Remarque.* La surface serait de révolution si les paraboles qui la déterminent étaient égales.

FIG. 8.

13. Si la parabole mobile a encore son axe EH paral-

(*) *Manuel des Candidats à l'École Polytechnique*, tome II.

lèle à celui de la parabole fixe, mais que ces deux droites soient dirigées en *sens contraires*, la surface engendrée est bien différente du paraboloïde elliptique : elle se compose d'une seule nappe continue, qui s'étend indéfiniment de part et d'autre du plan mené par le sommet de la directrice, perpendiculairement à l'axe.

Cette surface, dont les sections sont des paraboles ou des hyperboles, est un *paraboloïde hyperbolique*.

14. Les cinq surfaces que nous venons de définir constituent, avec leurs variétés, les *surfaces du second ordre*. On les désigne sous ce nom, soit parce qu'elles n'admettent, pour sections planes, que des lignes du second ordre, soit parce qu'elles sont représentées par une équation du second degré.

15. Les cylindres et les cônes appartiennent à une classe de surfaces qui en renferme un très-grand nombre employées dans les arts, dans la Coupe des Pierres, par exemple. Ce sont les *surfaces réglées*, c'est-à-dire celles qui sont engendrées par le mouvement d'une *règle* ou d'une droite. Les surfaces réglées se partagent en deux familles, celle des *surfaces développables* et celle des *surfaces gauches*.

Les considérations suivantes vont nous permettre de préciser le sens qu'on doit attacher à ces dénominations.

16. Soit d'abord un polygone ABC... HI, dont trois   Fig. 9.
côtés consécutifs quelconques ne soient pas dans un même plan. Si nous prolongeons ces côtés, indéfiniment et dans le même sens, nous obtiendrons une surface polyédrale dont les faces seront les angles B'BC', CCD',... H'HI'.

Cela étant, faisons tourner l'angle H'HI' autour de HII', jusqu'à ce que son plan coïncide avec le prolongement du plan H'GG'. Puis, après que cette coïncidence aura été établie, faisons tourner l'ensemble des deux angles H'HI', G'GH', autour de GG', jusqu'à ce que la figure G'GHI' soit venue se rabattre sur le prolongement du plan G'FF'. En continuant de la sorte, nous aurons enfin amené dans le plan B'BC', et les unes à la suite des autres, les diverses parties de la surface polyédrale. De plus, la figure plane résultant de ces rabattements successifs ne présentera ni *déchirure* ni *duplicature*; en sorte que si l'on *taillait un patron* sur cette figure, on pourrait, avec ce patron, reconstruire la surface primitive. Pour cette raison, la figure plane est dite le *développement* de la surface.

FIG. 10.

17. Soit actuellement une courbe MNP, dont aucun arc ne puisse être contenu dans un plan, c'est-à-dire une *courbe à double courbure*. Le lieu des tangentes Aa, Bb, Cc,..., à cette ligne, est une certaine surface réglée S. D'un autre côté, si nous imaginons les cordes AB, BC,... indéfiniment prolongées, nous obtiendrons, comme tout à l'heure, une surface polyédrale S' ayant pour arêtes ces dernières droites. Or, plus ces cordes seront petites, et plus leurs prolongements tendront à se confondre avec les tangentes menées par leurs extrémités; en sorte que la *forme* de la surface polyédrale S' différera, de moins en moins, de la forme de la surface S. Celle-ci est donc la *limite* avec laquelle l'autre surface tend à se confondre, lorsque les cordes AB, BC,... diminuent indéfiniment.

D'un autre côté, on conçoit (et l'on peut démontrer rigoureusement) que les développements successifs D' des surfaces polyédrales telles que S', tendent eux-mêmes vers une certaine limite D.

A cause de ces propriétés, on dit que la surface réglée

S, limite des surfaces polyédrales développables S′, est *développable*, et que la figure plane D en est le *développement*.

18. Supposons maintenant qu'une droite se meuve suivant une loi continue, mais arbitraire, de manière à engendrer une surface réglée S. Soient AB, A′B′, A″B″,... des positions de la génératrice, aussi rapprochées que nous le voudrons. En général, les droites AB, A′B′ ne sont pas situées dans un même plan; elles ont donc une perpendiculaire commune, laquelle est *unique*.

Si la droite A′B′ se rapproche indéfiniment de AB, le point où cette dernière ligne est rencontrée par la perpendiculaire commune tend sans cesse vers une position limite P. De même, si la droite A″B″ se rapproche indéfiniment de A′B′ (après que celle-ci a repris sa position primitive), le pied de la perpendiculaire commune à ces deux lignes tend vers une position limite P′. Il existe donc, sur les génératrices de la surface S, des points P, P′, P″, ..., dont le lieu géométrique est une certaine ligne L.

Cela posé, si la ligne L *touche* toutes les génératrices, la surface S, lieu des tangentes à cette ligne, est donc *développable*. Si, au contraire, le lieu des points P *coupe* les génératrices, on dit que la surface S est *gauche*.

19. En résumé, nous adopterons les définitions suivantes :

Une surface développable est le lieu des tangentes à une courbe à double courbure;

Une surface gauche est une surface réglée, non développable.

20. La première définition ne renferme ni les surfaces

cylindriques, ni les surfaces coniques, lesquelles sont
évidemment développables, comme étant les limites de
surfaces prismatiques ou de surfaces pyramidales. Mais,
pour les cylindres, le lieu des points P est indéterminé,
et, pour les cônes, il se réduit à un point. On peut donc
regarder ces deux sortes de surfaces comme des *cas singuliers* des surfaces développables (*).

21. Le lieu des points P, P′, P″, …, considéré ci-dessus, se nomme *arête de rebroussement*, ou *ligne de striction*, suivant qu'il s'agit d'une surface développable ou
d'une surface gauche.

22. Avant de terminer ces généralités, observons qu'*une
surface admet toujours plusieurs modes de génération.*

(*) D'après les meilleurs auteurs, *une surface développable est le lieu
engendré par une droite qui se meut de telle sorte que toujours deux positions consécutives se trouvent dans un même plan.* (LEROY, *Traité de
Géométrie descriptive*, p. 85.) Cette définition, qui fait image, et qui permet d'éviter des circonlocutions, n'est malheureusement pas exacte. Il
est évident, en effet, que les tangentes menées aux extrémités d'un arc à
double courbure ne sont généralement pas dans un même plan, et cela,
quel que soit le degré de petitesse de cet arc.

En adoptant cette définition, les auteurs dont je parle se sont laissé
guider, peut-être à leur insu, par la propriété caractéristique suivante :
*la plus courte distance entre deux génératrices très-voisines d'une surface
développable, peut être rendue aussi petite qu'on le veut, par rapport à
l'angle de ces génératrices.* En d'autres termes, *si* δ *est la plus courte
distance entre deux génératrices d'une surface réglée* S (*non cylindrique*),
et que ε *soit l'angle de ces deux droites, la surface* S *est développable si
la quantité* $\dfrac{\delta}{\varepsilon}$ *a pour limite zéro ; et si cette quantité a une limite différente de zéro, la surface est gauche.* C'est là ce qu'exprime d'une ma-
nière abrégée, mais inexacte, l'énoncé que nous venons de citer.

Du reste, la définition employée dans le texte est la traduction, en lan-
gage géométrique, de celle que donne la considération de la quantité $\dfrac{\delta}{\varepsilon}$.

Afin de rendre cette proposition plus évidente, vérifions-la d'abord sur les surfaces considérées précédemment.

1° En premier lieu, si l'on coupe un cylindre par des plans parallèles, on reconnaît aisément que les sections ainsi obtenues sont égales entre elles. Une surface cylindrique est donc *le lieu des positions d'une courbe ABC qui se meut de manière que, trois de ses points décrivant des droites parallèles, chacune des cordes AB, BC, AC, qui joignent ces points deux à deux, reste toujours parallèle à elle-même.*

Fig. 12.

2° Les sections faites dans une surface conique, par des plans parallèles, sont des courbes semblables, ayant pour *centre de similitude* le sommet du cône. D'après cette remarque, *si une courbe ABC, de grandeur variable, mais de forme constante, se meut de manière que, trois de ses points décrivant des droites concourantes SA, SB, SC, chacune des cordes AB, BC, AC, qui joignent ces points deux à deux, reste toujours parallèle à elle-même, cette courbe engendre une surface conique.*

Fig. 13.

3° Les parallèles d'une surface de révolution peuvent être regardés comme étant des positions différentes de l'un d'eux, supposé mobile et de grandeur variable. *Si donc une circonférence, assujettie à s'appuyer sur une ligne donnée, se meut de manière que son centre décrive une droite donnée, et que son plan soit toujours perpendiculaire à cette droite, elle engendre une surface de révolution qui a pour axe la droite donnée.*

4° Généralement, *si une surface donnée S, engendrée d'une manière quelconque, est coupée suivant des lignes L, L', L'', ..., par une surface Σ, variant d'après une loi continue, on pourra regarder la première surface S comme le lieu géométrique de ces lignes, lesquelles en seront des génératrices.*

23. Les remarques précédentes s'appliquent très-utilement à la *représentation graphique* des surfaces. Au lieu de projeter des points pris sur la surface donnée, ou même de projeter des courbes tracées arbitrairement sur celle-ci, ce qui n'apprendrait presque rien quant à sa forme, on construit les projections d'un certain nombre de ses génératrices. Souvent même, si la surface admet deux modes de génération faciles à formuler géométriquement, on emploie, à la fois, des génératrices de chacun des deux systèmes. On conçoit, par exemple, qu'une surface de révolution serait clairement représentée si l'on pouvait *dessiner* les projections de quelques-uns de ses méridiens et de quelques-uns de ses parallèles.

24. La représentation graphique d'une surface serait cependant incomplète si, aux projections de génératrices convenablement choisies, on n'ajoutait les *traces* de la surface, c'est-à-dire ses intersections avec les plans de projection. Enfin, pour indiquer encore plus nettement la forme du corps que l'on veut représenter, on construit, lorsque cela est possible, les *projections de ses contours apparents*, c'est-à-dire les limites dans l'intérieur desquelles tombent les projections de tous ses points. Cette dernière recherche exigeant que l'on sache construire les *plans tangents* à la surface du corps, perpendiculaires à l'un des deux plans de projection, nous ne pourrons la développer qu'à la fin du Chapitre III.

CHAPITRE II.

Généralités sur les plans tangents.

25. On sait que l'on appelle *tangente* à une courbe AB
la limite MT *des positions d'une sécante* MS *qui tourne au-*   Fig. 14.
tour de l'un M *de ses deux points d'intersection avec la*
courbe, ce point étant supposé fixe, jusqu'à ce que l'autre
point M′ *vienne se confondre avec le premier.*

26. Pour étendre cette notion aux surfaces, supposons
que, par un point M pris sur une face quelconque S, on   Fig. 15.
fasse passer deux courbes MA, MB, tracées arbitrairement
sur celle-ci. Par le point M et par deux points A, B pris
sur ces deux courbes, et aussi voisins de M que nous le
voudrons, faisons passer un plan P. Il coupe la surface
suivant une ligne dont un arc MC passe par le point M, et
dont un second arc passe, en général, par les points A, B.

Menons maintenant la tangente MT à l'arc MC, et faisons tourner le plan P autour de cette droite, de manière
que les arcs A′B′, A″B″, ... des courbes suivant lesquelles
il coupe la surface, s'approchent indéfiniment du point M.
Il est clair que le plan P tend vers une certaine position
limite P′ qu'il atteint, soit quand la courbe MACB se réduit au point M, soit quand le second arc de cette courbe
se confond avec celui qui passe en M (*).

(*) Afin de compléter notre démonstration, nous emprunterons à la
belle théorie des *Indicatrices* les résultats suivants :

Si l'on prend, sur une surface S, trois points M, A, B, non en ligne

Le *plan limite* P′, ainsi obtenu, est dit *tangent* à la surface au point M.

Conséquemment, *le plan tangent à une surface S, en un point M, est la limite des positions d'un plan sécant qui tourne autour de la tangente MT à la courbe suivant laquelle il coupe la surface, cette tangente étant supposée fixe, jusqu'à ce que les points où cette courbe rencontre deux lignes fixes, menées du point M sur la surface, viennent se confondre avec ce même point M.*

27. Le plan tangent, tel qu'il vient d'être défini, jouit d'une propriété fort importante, souvent prise comme définition. Cette propriété consiste en ce que *les tangentes en un point M, à toutes les courbes menées par ce point sur la surface, sont situées dans le plan tangent en ce même point.*

Pour démontrer ce théorème, il suffit, évidemment, de faire voir que les tangentes MR′, MS′ aux deux courbes arbitraires MA, MB, sont, avec la tangente MT, dans un seul et même plan.

---

droite, et dont les distances mutuelles soient suffisamment petites, la section faite dans la surface, par le plan P de ces trois points, différera très-peu d'une *ellipse*, d'une *hyperbole* ou d'une *parabole*, du moins dans la partie voisine des trois points.

Dans le premier cas, la surface est dite *convexe* autour de M, et la courbe MCAB a pour limite ce *point*.

Dans le second, la surface est *non convexe*, ou à *courbures opposées ;* et la limite de la courbe *hyperbolique* est une *ligne* passant en M.

Enfin, dans le troisième cas, qui est intermédiaire entre les deux autres, la surface est *développable*. En même temps, l'arc *parabolique* a pour limite une *droite*.

Voyez, sur ce sujet, les *Compléments de Géométrie de M. Dupin*, l'*Analyse de Leroy*, etc.

Or, quand le plan variable P tourne autour de la tangente MT, en s'approchant du plan tangent P', les sécantes MAR, MBS tournent autour du point M, et tendent à se confondre avec les tangentes MR', MS'. De plus, à l'instant où les plans P, P' coïncident, les points A, B ne diffèrent pas du point M; donc, à ce même instant, les deux sécantes, qui n'ont pas cessé d'être situées dans le plan P, atteignent leurs positions limites MR', MS'. Donc ces deux dernières droites sont dans le plan P'. C'est ce qu'il fallait démontrer.

28. La démonstration précédente suppose que le plan MAB coupe la surface suivant un arc *continu* joignant le point A au point B, et ne contenant pas le point M. Conséquemment, lorsque le contraire arrivera, un examen spécial sera nécessaire pour que l'on reconnaisse si les tangentes en M, à toutes les courbes tracées sur la surface, sont ou ne sont pas dans un même plan.

29. Considérons, par exemple, le sommet M d'un cône MPQR. Prenons, pour les lignes MA, MB, deux génératrices. Le plan P qui les contient n'a que ces droites en commun avec la surface. Par suite, la courbe MC se réduit au point M, et l'arc AB n'existe pas. Donc, quand nous ferons tourner le plan P autour de la droite MT menée arbitrairement par le sommet, dans le plan AMB, ce plan tendra vers une position limite TMD, qui ne contient pas, *à la fois*, les deux *tangentes* MA, MB.

Fig. 16.

Il résulte de là que, par le sommet d'un cône, on peut mener une *infinité* de plans tangents à cette surface, et que les tangentes aux courbes menées de ce sommet, au lieu d'être situées dans un même plan, sont des génératrices. Le sommet d'un cône échappe donc au théorème général énoncé ci-dessus. Mais on voit clairement à quoi tient cette exception.

30. Le même cas exceptionnel se rencontre dans la surface engendrée par une courbe tournant autour d'une tangente ou d'une corde : pour le point commun à la génératrice et à l'axe de rotation, les tangentes se confondent avec l'axe, ou bien elles forment un cône de révolution.

31. On peut citer encore, comme exemples de surfaces pour lesquelles le théorème général est en défaut, celles qui ont la forme d'une *pointe* ou d'une *corne*, et peut-être quelques autres. Mais, ainsi qu'on vient de le reconnaître dans la discussion relative au sommet d'un cône, ces exceptions n'empêchent pas que la démonstration donnée ci-dessus soit rigoureuse; car si elles se présentent, c'est seulement dans les cas, très-particuliers, où l'on ne pourrait plus adopter l'hypothèse sur laquelle cette démonstration est basée.

32. En revenant au cas le plus ordinaire, celui où les tangentes à toutes les courbes menées par le point donné sont contenues dans un même plan, il importe d'observer que celui-ci peut, de trois manières différentes, être tangent à la surface.

Fɪɢ. 15. 1° Si la courbe dont MC et AB sont deux arcs (26) se réduit au point M quand le plan sécant P atteint sa position limite P′, ce plan P′ n'a, dans les environs du point M, que ce seul point en commun avec la surface : il ne fait donc que *toucher* celle-ci. En d'autres termes, la petite zone dont M est le centre est située tout entière d'un même côté de P′. On dit, dans ce cas, que la surface considérée est *convexe* tout autour du point M (26, Note).

2° Il peut arriver que la limite commune des arcs AB, MC soit une courbe telle, qu'en chacun de ses points, le plan tangent à la surface soit précisément le plan P'. Alors celui-ci, au lieu de toucher la surface en un seul point, a une *ligne de contact* avec elle. On a un exemple de cette circonstance quand on considère un *tore*, c'est-à-dire un *anneau*, reposant sur un plan : les deux surfaces se touchent suivant une circonférence.

3° Enfin, la limite commune des arcs AB, MC étant encore une ligne, il se peut que, le long de celle-ci, la surface soit en partie d'un côté du plan P', et en partie de l'autre côté. Dans ce cas, le plan P' est, tout à la fois, *tangent* et *sécant.* Les surfaces qui jouissent de la propriété d'être ainsi *coupées* par leurs plans tangents sont dites *non convexes.* On dit encore, pour une raison que nous ne pouvons indiquer ici, qu'elles sont à *courbures opposées* (26).

La *gorge* d'une poulie ou, ce qui est la même chose, la partie rentrante d'un tore, l'hyperboloïde à une nappe, le paraboloïde hyperbolique, etc., présentent cette particularité.

33. Puisque le plan tangent en un point d'une surface contient, en général, les tangentes à toutes les courbes passant en ce point; puisque d'ailleurs deux droites qui se coupent déterminent un plan, il s'ensuit que *le plan tangent, en un point pris sur une surface, est déterminé par les tangentes à deux courbes quelconques tracées sur la surface, et passant en ce point.*

34. *Une droite est une ligne qui se confond avec sa tangente;* conséquemment : 1° *le plan tangent en un point d'une surface réglée contient la génératrice rectiligne pas-*

*sant en ce point; 2° ce plan est déterminé par cette géné-
ratrice et par la tangente à une autre ligne quelconque
menée, sur la surface, par le point de contact donné.*

35. Après avoir établi les propriétés générales des plans
tangents, occupons-nous des propriétés particulières dont
ils jouissent, lorsque les surfaces qu'ils touchent sont
celles qui ont été considérées ci-dessus.

CHAPITRE III.

Plans tangents aux cylindres, aux cônes, aux surfaces gauches, aux surfaces développables, et aux surfaces de révolution.

36. THÉORÈME. *Le plan tangent en un point d'une surface cylindrique est tangent tout le long de la génératrice qui passe en ce point.*

Par deux points M, M', appartenant à une même génératrice, faisons passer deux courbes quelconques MA, M'A', tracées sur la surface. Prenons ensuite une nouvelle génératrice AA', assez voisine de la première pour qu'elle rencontre nos deux courbes. Menons enfin les deux sécantes MAS, M'A'S', et les deux tangentes MT, M'T'.

Si le plan des deux génératrices tourne autour de MM', de manière que la seconde génératrice AA' s'approche indéfiniment de la première, les deux sécantes, constamment situées dans le plan mobile, se confondent, en même temps, avec leurs limites MT, M'T'. Donc ces tangentes MT, M'T' sont situées dans un même plan avec la génératrice fixe. Mais ce plan est tangent au cylindre, d'une part en M et d'autre part en M' (34); donc, etc.

37. THÉORÈME. *La projection de la tangente à une courbe est tangente à la projection de cette courbe.*

Par une courbe quelconque MA et par sa tangente MT faisons passer un cylindre projetant et un plan projetant. Si nous coupons ces deux surfaces par le plan de projection, nous obtiendrons, pour sections respectives, la pro-

FIG. 17.

FIG. 17.

jection M′A′ de la courbe MA et la projection M′T′ de la tangente MT.

D'après le théorème précédent, le plan TMM′, tangent en M à la surface du cylindre, est également tangent en M′; donc il contient la tangente à M′A′. D'ailleurs cette droite est située dans le plan de M′A′, c'est-à-dire dans le plan de projection; donc elle se confond avec M′T′.

38. Le dernier théorème est en défaut quand la tangente à la courbe donnée est perpendiculaire au plan de projection, car alors elle se projette suivant un point. Dans ce cas, la projection de la courbe présente habituellement, en ce point, un *arrêt* ou un *rebroussement*.

39. THÉORÈME. *Le plan tangent en un point d'une surface conique est tangent tout le long de la génératrice qui passe en ce point.*

La démonstration est tout à fait semblable à celle qui précède (36).

40. Nous avons vu, ci-dessus (20), que les cylindres et les cônes sont des cas *singuliers* des surfaces développables. Il y a donc lieu de se demander si la propriété remarquable que nous venons de démontrer, relativement aux plans tangents, appartient à toutes ces surfaces. Avant de vérifier qu'il en est ainsi, nous allons essayer de faire comprendre la différence de forme qui existe entre les sections faites dans une surface réglée, par un plan P mené suivant une génératrice, selon que cette surface est *gauche* ou qu'elle est *développable*.

FIG. 18.   **41.** Considérons d'abord le cas d'une surface gauche, et supposons que l'on ait fait passer le plan P par la génératrice AB et par un point M, pris arbitrairement sur une génératrice CD, voisine de la première. Nous pouvons, pour fixer les idées, admettre que le plan P soit celui de la figure. Alors, comme la génératrice CD a toujours pu être choisie de manière à ne pas se trouver tout entière dans le plan P, sa partie *inférieure* MD sera, par exemple, en *avant* de ce plan, tandis que sa partie *supérieure* sera *derrière* celui-ci.

Soient maintenant C'D', C"D",... des génératrices situées entre AB et CD, et soient EF, E'F', E"F",... d'autres génératrices, qui *précèdent* AB. Comme la surface est engendrée d'après une loi *continue*, les droites CD, C'D', C"D".... seront en général, de *moins en moins inclinées* sur le plan P, qu'elles percent en des points M, M', M",... Quant aux droites EF, E'F', E"F",... situées à la *gauche* de AC, elle devront ordinairement, à cause de cette même loi de continuité, être inclinées en sens contraire des premières, c'est-à-dire qu'elles auront leurs parties *supérieures* en *avant* du plan, et leurs parties *inférieures* en *arrière*. Les points N, N', N",... où ces nouvelles génératrices percent le plan P, sont, avec les premiers points M, M', M",... situés sur une courbe MRN qui, en général, rencontre la génératrice AB en un point R. En effet, si ce point était *transporté à l'infini*, le plan P serait *parallèle à une génératrice* INFINIMENT VOISINE *de* AB (*); ce que nous ne supposons pas (**).

(*) Quand nous disons, pour abréger le discours : « *Le plan* P *serait parallèle à une génératrice* INFINIMENT VOISINE *de* AB, » nous entendons ceci : *Le plan* P *est la limite vers laquelle tend un plan* P' *mené par* AB, *parallèlement à une génératrice voisine* CD, *lorsque celle-ci se rapproche indéfiniment de* AB. » Cette explication d'une dénomination empruntée à la *Théorie des infiniment petits* pourrait être répétée dans tous les cas analogues à celui qui nous occupe : nous la donnons une fois pour toutes.

(**) Si le plan P avait cette position particulière, il serait normal à la

42. Il est actuellement bien facile de voir que le plan P est tangent à la surface gauche, au point R. En effet, ce plan contient la génératrice AB et la tangente RT à la courbe MRN ; car la tangente à une courbe plane est située dans le plan de celle-ci. Ainsi, *tout plan P, mené par une génératrice rectiligne d'une surface gauche, touche celle-ci au point où la génératrice rencontre la courbe d'intersection du plan et de la surface.*

43. Si le plan P tourne autour de AB, le point M, où il rencontre CD, se déplace ; et, conséquemment, il en est de même pour la courbe MRN et pour le point R. Nous voyons donc que *le point unique où une surface gauche est touchée par un plan passant suivant une génératrice, se déplace sur celle-ci, quand le plan tourne autour de cette même génératrice.*

44. Soit à présent une surface développable, ayant pour arête de rebroussement la courbe à double courbure GHKL. Par la génératrice AHB et par un point C de l'arête de rebroussement, voisin du point de contact H, faisons passer un plan P. Admettons, en outre, pour fixer les idées, que l'arc CH soit en arrière de ce plan, pris pour celui de la figure, les arcs GH, CKL étant en avant.

Les tangentes nN, n'N', n''N'',..., mM, m'M'',... à ces deux derniers arcs, rencontrent le plan P en des points N, N', N'',... M, M',... ; en sorte que l'intersection cherchée se compose d'abord des deux arcs HNR, CMS.

Remarquons maintenant que, parmi les génératrices tan-

---

surface, au point où la génératrice AB rencontre la ligne de striction. Le lecteur pourra consulter, sur ce sujet, une très-intéressante Note de M. Chasles. (*Journal de Liouville*, t. II, p. 413.)

gentes à l'arc CH, il y en a une au moins, telle que EF, *parallèle* au plan P : cette conclusion devient évidente si l'on fait mouvoir ce plan parallèlement à sa position primitive, jusqu'à ce que les deux points où il coupe CH se confondent en un seul point I.

Cela étant, les tangentes dont les points de contact sont situés sur l'arc IH donnent lieu, par leurs intersections avec le plan P, à un arc infini HU : car EF est la limite des génératrices qui rencontrent ce plan. De même, les tangentes à la partie IC de l'arête de rebroussement déterminent un autre arc infini CV.

Il est facile de reconnaître, en outre, que les deux arcs CV, CMS ont une tangente commune, et que les deux autres arcs HU, HR ont pour tangente commune la génétrice AB. De plus, si le point C s'approche indéfiniment du point H, les arcs infinis CV, HU, et la tangente EF, se confondent, en même temps, avec la génératrice AB. Quant aux deux arcs HR, CS, ils formeront, *à la limite*, une seule courbe ayant AB pour tangente; mais alors le plan P sera, évidemment, tangent en H à la surface développable. On a donc ce théorème : *le plan tangent à une surface développable, en un point de l'arête de rebroussement, coupe la surface suivant la génératrice passant par ce point, et suivant une courbe tangente, en ce même point, à l'arête de rebroussement.*

45. De cette discussion sur la forme générale de la section faite dans une surface développable par un plan P, contenant une génératrice, on conclut, sans difficulté, la propriété du plan tangent, indiquée ci-dessus (40).

En effet, traçons sur la surface une courbe quelconque XY, coupant aux points X, Y la génératrice AB et l'arc in-

Fig. 19.

fini CV, et menons la sécante XYZ. Puis, faisons tourner le plan P autour de AB, de façon que le point C, où il coupe l'arête de rebroussement, s'approche indéfiniment du point H, commun à cette courbe et à sa tangente AB. A l'instant où ces deux points sont confondus en un seul, les points Y, X coïncident, et la sécante XYZ se confond avec XT, tangente à la courbe XY. Cette tangente XT est donc contenue dans le plan *limite* P', tangent en H à la surface développable; donc celui-ci coïncide avec le plan BXT, tangent en X à cette surface. En d'autres termes : *le plan tangent à une surface développable, en un point de l'arête de rebroussement, est tangent tout le long de la génératrice rectiligne qui passe en ce point.* C'est ce qu'il fallait démontrer.

46. *Remarque.* *Le plan* P', *tangent à la surface développable le long de la génératrice rectiligne* AB, *est la limite des plans qui, passant par cette droite, coupent l'arête de rebroussement.* Pour une raison que nous ne pouvons indiquer ici, il est appelé *plan osculateur* de cette courbe.

47. Théorème. *Le plan tangent à une surface de révolution est perpendiculaire au plan méridien passant par le point de contact.*

Fig. 20.

Par un point quelconque M, pris sur une surface de révolution dont XY est l'axe, menons un *parallèle* AB et un *méridien* CD. Soient MT, MS, les tangentes à ces deux lignes : le plan TMS sera tangent, en M, à la surface (32). Par conséquent, pour démontrer le théorème, il suffit de faire voir que la tangente MT, au parallèle, est perpendiculaire au plan méridien MXY. Or, la droite MT, perpendiculaire au rayon OM, est encore perpendiculaire à l'axe XY, attendu qu'elle est située dans un plan perpendiculaire à XY; donc, d'après un théorème connu, cette tangente MT est perpendiculaire au plan méridien.

48. THÉORÈME. 1° *La normale en un point d'une surface de révolution est contenue dans le plan méridien passant par ce point ; 2° les normales à la surface, menées par différents points d'un même parallèle, rencontrent l'axe en un même point.*

La *normale* à une surface, en un point, est la perpendiculaire au plan tangent en ce point.

Cela posé, la première partie de la proposition est une conséquence du théorème précédent. Quand à la seconde partie, elle devient évidente si l'on observe que tous les méridiens de la surface sont des positions différentes de l'un quelconque d'entre eux, supposé mobile.

49. Nous pouvons maintenant compléter ce que nous avons indiqué ci-dessus (24), relativement à la manière d'obtenir des limites entre lesquelles tombent les projections des points appartenant à la surface que l'on veut représenter.

S étant cette surface, supposée convexe pour plus de simplicité, soit O la position de l'œil du spectateur. Imaginons un plan quelconque P passant par le point O, et tangent à la surface S. Si ce plan *roule* sur la surface, en passant constamment par *le point de vue* O, le point de contact M décrit sur celle-ci une certaine courbe ABCD, telle, que la partie ABCD du corps S sera *visible* pour le spectateur, tandis que l'autre partie ABCDF sera *invisible*. Pour cette raison, la ligne ABCD est appelée *contour apparent* du corps.

50. D'après cette considération, on devrait se donner,

FIG. 21.

dans chaque cas particulier, les projections du point de vue, et en conclure celles du contour apparent correspondant. Le problème, ainsi envisagé dans toute sa généralité, serait fort compliqué : on le simplifie en supposant (Première Partie, 35) *l'œil de l'observateur placé sur une perpendiculaire au plan de projection, et à une distance infinie de ce plan.*

En effet, si le point de vue O s'éloigne indéfiniment du plan de projection XY, en restant constamment sur la perpendiculaire GH, le plan tangent P, considéré ci-dessus, a pour limite un autre plan P′, également tangent à la surface S, mais perpendiculaire à XY. En même temps *le contour apparent ABCD est*, à la limite, *le lieu des points de contact des plans tangents perpendiculaires au plan de projection.*

51. *Remarque.* La tangente MT à la courbe ABCD est située dans le plan P. Conséquemment, si nous prenons ABCD pour directrice d'un cône ayant pour sommet le point O, ce cône sera *circonscrit* à la surface S ; c'est-à-dire que le plan P, tangent en M à la surface, est tangent au cône, suivant la génératrice OM. La limite du cône, quand le sommet O se transporte à l'infini sur la droite GH, est, évidemment *un cylindre circonscrit à la surface S, dont les génératrices sont perpendiculaires à XY.* Par suite :

Pour obtenir la projection du contour apparent d'une surface donnée, il suffit de construire la trace d'un cylindre circonscrit à cette surface, et perpendiculaire au plan de projection.

CHAPITRE IV.

Problèmes relatifs aux plans tangents.

PROBLÈME I.

Mener un plan tangent à un cylindre donné, en un point donné.

52. Supposons, pour plus de simplicité, que la surface FIG. 22.
cylindrique soit donnée par sa trace horizontale *abcd* et par
une droite $(pq, p'q')$, parallèle aux génératrices; admettons, en outre, que le point de contact soit donné par sa
projection horizontale *m*; et proposons-nous, en premier
lieu, de déterminer les projections des contours apparents de la surface.

D'après ce qui précède (50), le contour apparent, relatif au plan horizontal, est le lieu des points de contact
des plans verticaux, tangents au cylindre *abcd*. Or, chacun de ces plans touche la surface suivant une génératrice (36); donc sa trace horizontale, évidemment confondue avec la projection de cette droite, doit être tangente
à la trace horizontale du cylindre.

Il suit de là que si l'on mène, à cette dernière courbe,
des tangentes *ce*, *df* parallèles à *pq*, l'ensemble de ces
tangentes forme la projection du contour apparent, relatif au plan horizontal de projection.

On verra, avec la même facilité, que si l'on construit
des plans *aa'g'*, *bb'h'*, parallèles à la droite $(pq, p'q')$,
perpendiculaires au plan vertical, et ayant leurs traces
horizontales tangentes à la courbe *abcd*, l'ensemble des

traces verticales $a'g'$, $b'h'$ de ces plans est la projection du contour apparent, relatif au plan vertical de projection.

53. Actuellement, cherchons la projection verticale du point de contact. Pour cela, menons, par la projection horizontale donnée m, une parallèle à pq : elle rencontre la courbe $abcd$ en des points $r, s,\ldots$, traces horizontales d'autant de génératrices, sur lesquelles sont situés les points de la surface cylindrique, projetés en m. Sur notre épure, où la trace horizontale du cylindre est une courbe fermée, convexe, le nombre des points $r, s\ldots$ se réduit à *deux*; en sorte que la verticale projetée en m rencontre la surface du cylindre, seulement en deux points, dont les projections verticales m', m'' sont situées sur les projections $s'm'$, $r'm''$ des génératrices ayant pour traces r, s.

Si la trace horizontale donnée était sinueuse, les points m', $m''\ldots$ pourraient être plus nombreux; mais la construction ne changerait pas.

54. Les projections verticales m', m'', qui répondent à la projection horizontale m, étant déterminées, considérons, par exemple, le plan tangent en (m, m'). Ainsi que nous l'avons rappelé ci-dessus, ce plan se confond avec celui qui touche le cylindre au point (s, s'), où la génératrice $(ms, m's')$ perce le plan horizontal; et celui-ci, devant contenir la tangente $\alpha\beta$ à la courbe $abcd$, a pour trace horizontale cette dernière droite. Quant à la trace verticale $\beta\gamma$ du même plan, on la détermine, soit en cherchant la trace verticale de la génératrice de contact, soit en construisant une *horizontale du plan*, telle que $(mi, m'i')$.

On trouve, de la même manière, les traces $\alpha'\beta'$, $\beta'\gamma'$ du plan tangent en (m, m'').

55. *Remarque.* Dans le problème précédent, nous avons

supposé que *l'on sait toujours mener la tangente à une courbe plane, par un point pris dans son plan.* Cette hypothèse, qui ne serait nullement admissible s'il s'agissait d'une construction rigoureuse, résultant des propriétés de la courbe, doit être acceptée quand il est seulement question de *tracés.* On conçoit, en effet, qu'il n'est pas difficile de placer la *règle* de manière qu'elle passe par le point donné, et qu'elle soit *sensiblement* tangente à la courbe donnée.

PROBLÈME II.

Connaissant la directrice d'un cylindre et la direction de ses génératrices, construire le plan tangent à la surface, en un point donné (*).

56. Soient *abc*, *a'b'c'* les projections d'une courbe quelconque, directrice du cylindre; soit (*pq*, *p'q'*) la droite à laquelle les génératrices doivent être parallèles. Enfin, supposons que le point de contact M ait *m* pour projection horizontale.

Fig. 23.

Si, par le point M, on imagine une génératrice EF, elle rencontre la directrice en un point D, dont les projections *d*, *d'* se construiront aisément : il est donc facile d'obtenir la projection verticale *e'f'* de EF, et la projection verticale *m'* de M.

Cela posé, comme le plan tangent en M se confond avec le plan tangent en D, et que ce dernier plan est déterminé par la génératrice EF et par la tangente en D à la directrice *abc*, *a'b'c'* (34), il s'ensuit que le problème proposé se réduit à la construction de cette tangente.

(*) Ce problème est la généralisation de celui qui précède.

Or, les projetions de cette droite sont des tangentes dt, $d't'$ aux courbes abc, $a'b'c'$ (37); et, d'après la remarque précédente (55), ces tangentes peuvent être regardées comme connues. Le plan demandé est $\alpha\beta\gamma$.

PROBLÈME III.

Mener un plan tangent à un cylindre, par un point extérieur à la surface.

Fig. 24.

57. Après avoir construit, comme dans le Problème I, les projections des contours apparents du cylindre, menons, par le point donné (m, m'), une parallèle $(ms, m's')$, aux génératrices : le plan cherché contiendra, évidemment, cette parallèle. De plus, ce plan doit avoir sa trace horizontale tangente à la trace horizontale $abcd$ du cylindre. Si donc, par le point s, où la droite MS perce le plan horizontal, nous menons des tangentes $s\beta$, $s\beta'$ à la courbe $abcd$, chacune de ces droites sera la trace horizontale d'un plan satisfaisant à la question.

Le reste s'achève facilement.

PROBLÈME IV.

Mener un plan tangent à un cylindre, parallèle à une droite donnée.

58. Si, par un point quelconque de l'espace, on mène une parallèle à la droite donnée, et une parallèle aux génératrices du cylindre, le plan de ces deux droites sera parallèle au plan tangent cherché. Par conséquent, on obtient la trace horizontale de celui-ci en menant, à la trace horizontale de la surface, une tangente parallèle à la trace horizontale du plan auxiliaire.

Nous laissons au lecteur le soin de construire l'épure.

PROBLÈME V.

Mener un plan tangent à un cône donné, en un point donné.

59. Supposons que le cône soit donné par sa trace horizontale *abcd* et par son sommet (s, s'); supposons, de plus, que le point de contact soit donné par sa projection horizontale *m*. En raisonnant comme on l'a fait ci-dessus (52), on verra que, pour obtenir la projection du contour apparent relatif au plan horizontal, il faut, par la projection *s* du sommet, mener des tangentes *sc*, *sd* à la base du cône; et que, pour déterminer le contour apparent relatif au plan vertical, il suffit de construire les traces verticales $s'a'$, $s'b'$ de deux plans ayant, pour traces horizontales, des tangentes à cette même base, perpendiculaires à la ligne de terre.

On obtiendra ensuite, comme dans le cas du cylindre, les projections verticales m', m'' des divers points qui, situés sur la surface du cône, ont *m* pour projection horizontale.

Les traces horizontales des différents plans qui satisfont à la question sont les tangentes $\alpha\beta$, $\alpha'\beta'$ à la base du cône, menées par les traces horizontales *t*, *r* des *génératrices de contact* : les considérations qui viennent d'être rappelées démontrent encore cette partie de la construction.

Enfin, les traces verticales des plans tangents s'obtiennent, soit par une horizontale $(mi, m'i')$, soit au moyen de la génératrice de contact $(rs, r's')$.

60. Nous ne donnerons pas les solutions des questions sur le plan tangent au cône, analogues aux Problèmes II,

III et IV, parce qu'il nous faudrait presque absolument nous répéter; mais nous engageons le lecteur à construire les épures que nous omettons, en variant les données de ces exercices.

PROBLÈME VI.

Mener un plan tangent à une surface de révolution dont le méridien est donné, connaissant le point de contact.

61. Nous admettrons toujours, dans les questions relatives aux surfaces de révolution, que l'on prend le plan horizontal de projection perpendiculaire à l'axe, et que le plan vertical passe par l'axe. Les deux projections de cette droite sont alors le point o de la ligne de terre, et une droite oz' perpendiculaire à celle-ci.

FIG. 26.

62. Cela posé, supposons d'abord, pour plus de simplicité, que la surface de révolution soit donnée par son méridien *principal*, c'est-à-dire par celui qui est situé dans le plan vertical de projection; et adoptons, pour ce méridien, une ellipse ayant son grand axe $c'd'$ confondu avec oz' : la surface à laquelle nous nous proposons de mener un plan tangent sera un *ellipsoïde de révolution* (6); mais nos raisonnements sont indépendants de cette hypothèse.

63. Le contour apparent, relatif au plan vertical, est la *méridienne principale* $a'b'c'd'$. En effet, en un point quelconque de cette courbe, le plan tangent à la surface est perpendiculaire au plan vertical, puisque celui-ci est confondu avec le méridien passant au point dont il s'agit.

Quant au second contour apparent, lieu des points de contact des plans tangents verticaux, il est évident qu'il se compose de parallèles tels que $a'b'$, déterminés par des tangentes au méridien principal, menées parallèlement à l'axe. Dans le cas particulier représenté sur l'épure, ce parallèle (dont nous avons projeté seulement une moitié) partage l'ellipsoïde en deux parties symétriques : pour cette raison, on l'appelle ordinairement *équateur*.

64. Soit m la projection horizontale du point de contact M. Pour déterminer la projection verticale correspondante, il suffit d'observer que le point M est situé sur un parallèle dont la projection horizontale est la circonférence nmp, décrite du point o comme centre, et dont il est facile d'obtenir la projection verticale $n'm'p'$. Il est clair, en même temps, qu'à la projection horizontale m peuvent correspondre les projections verticales m', m'' d'autant de points situés sur la surface.

65. Ces constructions préliminaires étant effectuées, supposons qu'il s'agisse de mener le plan tangent en (m, m'). Pour résoudre ce problème, nous construirons d'abord la *normale* au même point. Or, la projection horizontale de cette droite est, évidemment, le rayon mo (48); et, quant à la projection verticale, rappelons-nous que cette normale, et la normale au point (n, n'), coupent l'axe en un même point (48). Si donc nous menons en n' la *normale* $n'i'$ *à la méridienne principale* (*), et si nous joignons le point i', où cette droite rencontre oz', avec m', la normale en (m, m') sera déterminée.

Il ne s'agit plus, pour achever l'épure, que de mener, par le point (m, m'), un plan $\alpha\beta\gamma$ perpendiculaire à la droite $(mo, m'i')$.

______

(*) Nous admettons, comme ci-dessus (55), que l'on sait toujours, *rigoureusement* ou *approximativement*, construire la tangente, et par suite la normale, à une courbe plane, en un point de cette ligne.

66. Dans l'exemple que nous avons choisi, le point (m, m'') donne lieu à une seconde normale et à un second plan tangent $\alpha'\beta'\gamma'$, symétrique du premier par rapport au plan de l'équateur. A cause de cette symétrie, les deux plans tangents se coupent suivant une droite située dans ce dernier plan.

PROBLÈME VII.

Mener un plan tangent à une surface de révolution dont le méridien n'est pas donné, connaissant le point de contact.

FIG. 27.

67. Soient ab, $a'b'$ les deux projections d'une ligne quelconque, plane ou à double courbure, qui, en tournant autour de l'axe (o, oz'), engendre la surface. Soit m la projection horizontale du point de contact M. On obtiendra, comme dans le problème précédent, la projection verticale m' de M, en construisant le parallèle $(mn, m'n')$ qui passe en M.

On pourrait chercher ensuite la section faite dans la surface par le plan vertical de projection; puis, ayant obtenu ainsi la méridienne principale, on serait ramené au Problème VI. Mais il est plus simple d'opérer directement sur les données, comme il suit.

Par le point (n, n'), où le parallèle passant par le point de contact coupe la génératrice, menons la tangente $(nt, n't')$ à cette courbe; puis, en ce même point, imaginons un plan perpendiculaire à la tangente : il contient la normale en (n, n') à la surface. Or cette normale est projetée horizontalement suivant no; donc le point où elle coupe l'axe est l'intersection de celui-ci avec la trace verticale du plan dont il vient d'être question.

Pour obtenir cette trace verticale, menons nc perpendiculaire à *nt*, et *n'c'* parallèle à *xy* : ces deux droites sont les projections d'une horizontale du plan, ayant pour trace verticale le point (*c*, *c'*); de sorte que *c'r'*, perpendiculaire à *n't'*, est la trace verticale du *plan normal* à la génératrice, et que le point *r'* est celui où la normale (*no*, *n'r'*) coupe l'axe.

Il ne s'agit plus maintenant, pour achever l'épure, que de tracer les projections (*mo*, *m'r'*) de la normale au point donné, et de faire passer, par ce point, un plan αβγ perpendiculaire à cette droite.

68. Adoptons, pour génératrice de la surface de révolution, une droite (*ab*, *a'b'*). En appliquant à cet exemple particulier la méthode employée dans l'épure précédente, on rencontrerait d'assez grandes simplifications; mais il sera encore plus court d'opérer comme il suit.

m étant toujours la projection horizontale du point de contact M, soit (*n*, *n'*) le point de la génératrice situé sur le parallèle qui passe en M; et soit, par suite, *m'* la projection verticale de ce dernier point.

A cause de la symétrie de la surface autour de l'axe (*o*, *oz'*), si nous pouvons construire le plan tangent en (*n*, *n'*), il nous suffira de le faire tourner d'un angle égal à *nom*, pour obtenir le plan tangent en M. Or, le premier de ces deux plans contient la génératrice (*ab*, *a'b'*) (34); et, d'un autre côté, il doit être perpendiculaire au plan méridien *noz'*. Conséquemment, la trace horizontale de ce plan est la perpendiculaire α'β' abaissée du point *a* sur *on*, et sa trace verticale β'γ' passe par la trace verticale *b'* de la génératrice.

Supposons maintenant que le plan tourne autour de l'axe, jusqu'à ce que le point (*n*, *n'*) se confonde avec

(m, m'). Alors la trace horizontale $\alpha'\beta'$ prendra la position $\alpha\beta$; et comme le point (o, d'), où l'axe rencontre le plan mobile, ne change pas, la trace verticale du plan cherché est $\beta d'\gamma$.

69. *Remarque.* Si le point de contact (n, n') se déplace sur la génératrice (ab, $a'b'$), la trace horizontale $\alpha'\beta'$ tourne autour du point a, puisqu'elle est perpendiculaire au rayon on. Il suit de là et des propriétés générales démontrées dans le Chapitre III (43), que la surface dont nous venons de nous occuper est *gauche*. On verra plus loin qu'elle est en effet connue sous le nom de *surface gauche de révolution.* On verra aussi que cette surface ne diffère pas de l'*hyperboloïde de révolution, à une nappe.*

PROBLÈME VIII.

Par une droite donnée, faire passer un plan tangent à une sphère donnée.

Fig. 29. **70.** Lorsque deux plans P, P', non parallèles, touchent une sphère O, leur intersection AB est évidemment perpendiculaire au plan du grand cercle EDFD' mené par les points de contact D, D'. Par suite, les tangentes CD, CD', à la circonférence EDFD', viennent concourir au point C où le plan de cette circonférence est rencontré par l'intersection des plans P, P'.

Si donc AB est la droite par laquelle on veut faire passer un plan tangent à la sphère O, on mènera, du centre de celle-ci, un plan perpendiculaire à AB; on déterminera le point C et la circonférence EDFD', intersections du plan avec la droite et avec la sphère; on construira les tangentes CD, CD'; et les points D, D' seront ceux où la sphère touche les deux plans cherchés P, P'.

71. Pour effectuer les constructions qui viennent d'être indiquées, faisons passer la ligne de terre par le centre o de la sphère : les contours apparents de celle-ci, relatifs aux deux plans de projection, seront confondus suivant une circonférence de grand cercle $efgh$. Soient, en outre, ab, $a'b'$ les projections de la droite donnée AB (*). Les perpendiculaires $o\alpha$, $o\beta$, abaissées du centre o sur ces projections, sont les traces du plan EDFD'; et nous déterminerons, par la construction ordinaire, les projections c, c' du point C.

Actuellement, pour n'avoir pas à construire les projections de la circonférence EDFD', rabattons le plan de cette ligne, c'est-à-dire le plan $\alpha o\beta$, sur le plan horizontal, en le faisant tourner autour de $o\alpha$. La circonférence EDFD' se rabat suivant $efgh$; et le point $(c,\ c')$ vient se placer en un point C_1, que nous obtenons par la construction connue (Première Partie, Problème XVI). Menons ensuite, de ce point C_1, les tangentes $C_1 D_1$, $C_1 D_2$ à $efgh$; nous aurons en D_1, D_2 les rabattements des points de contact D, D'; après quoi il ne s'agira plus, pour achever l'épure, que de revenir de ces rabattements aux projections. On obtient ainsi les deux plans $\lambda_1\mu_1\nu_1$, $\lambda_2\mu_2\nu_2$.

72. *Remarque.* L'épure dont nous venons d'indiquer la construction comporte trois *vérifications* :

1° Les traces de chacun des deux plans tangents doivent passer, respectivement, par les traces de la droite AB;

(*) Si les deux projections ab, $a'b'$ coupaient la circonférence $efgh$, il serait nécessaire de s'assurer que la plus courte distance du centre o à la droite AB est plus grande que le rayon de la sphère. Pour éviter cette recherche préliminaire, on prend habituellement une, au moins, des deux projections, *extérieure* à $efgh$.

2° Elles doivent être perpendiculaires aux projections des rayons menés aux points de contact (d_1, d_1'), (d_2, d_2');

3° Enfin, les traces horizontales $\lambda_1\mu_1$, $\lambda_2\mu_2$ doivent passer, respectivement, par les points R_1, R_2, où les tangentes C_1D_1, C_1D_2 coupent la trace horizontale $o\alpha$.

73. *Remarque.* Si les traces de la droite AB étaient fort éloignées du centre de la sphère, la construction qui a donné le point (c, c') serait incommode, et il vaudrait mieux en employer une autre, résultant de la solution du problème suivant : *Construire les projections du point où une droite rencontre un plan qui y est perpendiculaire, sans employer les traces de la droite.* Nous laissons au lecteur le soin de chercher cette solution.

PROBLÈME IX.

Mener à une surface de révolution S, dont le méridien est connu, une normale parallèle à une droite donnée D.

74. En supposant le problème résolu, soit P le *pied* de la normale cherchée N; c'est-à-dire le point de la surface S, pour lequel la normale est parallèle à la droite D. Le plan méridien en P doit contenir N (48); donc il est parallèle à D. De plus, la section déterminée dans la surface par ce plan méridien a pour normale, au point P, la droite N : cette dernière proposition résulte de la propriété principale du plan tangent (27), et de la définition de la normale (48).

Il faut donc, pour résoudre le problème :

1° Mener un plan méridien M′ parallèle à la droite D ;

2° imaginer, par un point de l'axe, une parallèle D′ à cette même droite; 3° amener le méridien M′ et la droite D′ dans le méridien principal M, en les faisant tourner autour de l'axe; 4° mener, à la courbe méridienne principale, une normale N′ parallèle au rabattement de D′ (*); 5° revenir du rabattement N′ à la normale véritable N.

EXERCICES.

I. *Déterminer les normales communes à deux cylindres donnés.*

II. *Mener un plan tangent à un cône donné, connaissant son inclinaison sur le plan horizontal.*

III. *Même question pour un cylindre.*

(*) Pour mener à une courbe plane une normale parallèle à une droite donnée, on trace d'abord une tangente perpendiculaire à cette droite; après quoi l'on mène, par le point de contact, une parallèle à la même droite : cette parallèle est la normale cherchée. Il faut remarquer, relativement à ce procédé, qu'il détermine assez rigoureusement la *position* de la tangente; mais qu'il n'en est de même, ni pour le point de contact, ni, par suite, pour la normale.

CHAPITRE V.

Sections planes des cylindres et des cônes.

75. Les problèmes dont nous allons développer les solutions ne sont, évidemment, que des cas très-restreints de la question dans laquelle on se proposerait de trouver l'intersection de deux surfaces quelconques. Mais comme ces problèmes ont des applications continuelles, qu'ils sont beaucoup plus simples que le problème général, dont ils donnent, en quelque sorte, la *clef*, nous avons pensé, à l'exemple de plusieurs auteurs, qu'il est indispensable de les traiter à part.

PROBLÈME X.

Trouver : 1° l'intersection d'un cylindre vertical et d'un plan perpendiculaire au plan vertical; 2° la tangente en un point de l'intersection; 3° le rabattement de cette courbe et de sa tangente; 4° le développement du cylindre; 5° la transformée de l'intersection; 6° la tangente à la transformée; 7° le point d'inflexion de cette courbe.

Fig. 34.

76. *Projections de l'intersection.* Le cylindre étant vertical, tous les points de sa surface se projettent horizontalement sur la base $acdb$, que nous supposons située dans le plan horizontal de projection. Par conséquent, la projection horizontale de la section faite dans le cylindre par le plan donné $\alpha\beta\gamma$ est cette courbe $acdb$. Quant à la projection verticale de la section, il est évident qu'elle se réduit à la partie $a_1 b_1$ de la trace verticale du plan,

comprise entre les projections $a'a''$, $b'b''$ des génératrices-limites. Enfin, comme nous supposons le cylindre terminé, à la partie supérieure, par un plan horizontal $a''b''$, il s'ensuit que la première partie du problème est complétement résolue.

77. *Construction de la tangente.* La tangente en un point quelconque (m, m_1) de l'intersection est projetée, horizontalement, suivant la tangente tmr à la trace du cylindre, et, verticalement, suivant la trace $\beta\gamma$ du plan sécant. Ceci résulte de ce théorème général, qu'il suffit d'énoncer : *La tangente en un point de la courbe d'intersection d'une surface et d'un plan est l'intersection du plan tangent à la surface, en ce point, avec le plan de la courbe.*

78. *Rabattement de l'intersection.* Pour obtenir l'intersection en vraie grandeur, on pourrait rabattre, sur l'un ou sur l'autre des deux plans de projection, le plan sécant; mais il est plus simple, à cause de la nature des données, de le faire tourner autour de la perpendiculaire au plan vertical, projetée en c_1, jusqu'à ce qu'il devienne horizontal (Première Partie, p. 40). Dans ce mouvement, chacun des points de la courbe, le point (m, m_1), par exemple, décrit, autour de l'axe de rotation, un arc de cercle dont la projection horizontale mM est parallèle à la ligne de terre, et qui se projette en vraie grandeur, sur le plan vertical, suivant l'arc m_1m_2. Par conséquent, la *nouvelle projection verticale* du point considéré est m_2, et sa nouvelle projection horizontale est M. Par conséquent aussi, après le mouvement de rotation, la courbe d'intersection est projetée, en vraie grandeur, suivant AcBd.

79. *Remarque.* Si la base $abcd$ du cylindre est une circonférence, la section ABcd est une ellipse.

80. *Développement du cylindre.* Ce développement est la limite des développements des prismes inscrits au cylindre (20). Si donc, après avoir inscrit à la base *abcd* un polygone dont les côtés soient assez petits pour qu'on puisse, sans erreur sensible, les regarder comme confondus avec les arcs correspondants, on porte ces côtés, les uns à la suite des autres, sur une droite indéfinie XY, puis qu'on élève, par les points de division ainsi obtenus, des droites perpendiculaires à XY, et égales à la hauteur $c'c''$ du cylindre, l'ensemble des petits rectangles ainsi formés pourra être regardé comme étant, à fort peu près, le développement du cylindre.

Sur notre épure, nous avons supposé que le prisme qui remplace le cylindre est *ouvert* suivant la génératrice projetée en *a*, et nous avons placé la droite XY sur le prolongement de la ligne de terre : cette disposition est la plus commode de toutes, surtout quand on veut construire la *transformée* de la section.

81. *Remarque.* Quand le cylindre est à base circulaire, on peut, pour obtenir une approximation plus grande, modifier, comme il suit, le procédé qui vient d'être indiqué.

Ayant divisé la circonférence *abcd* en *arcs égaux* suffisamment petits, on prend, sur la droite XY, une longueur égale aux $\dfrac{22}{7}$ du diamètre *ab ;* après quoi l'on divise cette longueur en autant de parties égales qu'il y a de divisions dans la base du cylindre. On achève ensuite comme il a été dit ci-dessus.

Cette méthode est, *graphiquement parlant*, très-approchée ; car la différence entre le nombre $\dfrac{22}{7}$, donné par

Archimède, et le rapport de la circonférence au diamètre, est inférieure à 0,002.

82. *Transformée de la section.* Concevons, comme précédemment, qu'un prisme soit inscrit au cylindre. La section faite dans ce polyèdre, par le plan $\alpha\beta\gamma$, est un polygone dont les sommets (a, a_1), (m, m_1), (c, c_1),..., viendront, quand nous développerons la surface prismatique, se placer en A, M, C,..., sur les *transformées* des arêtes. De plus, les distances Aa, Mm, Cc,... sont égales, respectivement, à $a'a_1$, $m'm_1$, $c'c_1$,... Enfin, le polygone dont les sommets sont les points A, M, C,... ainsi obtenus, a évidemment ses côtés, ou ses *éléments*, égaux aux éléments correspondants du polygone tracé sur le prisme : on peut donc le désigner sous le nom de *transformée* de celui-ci. Cela posé, si le nombre des faces du prisme inscrit augmente indéfiniment, le développement du prisme tend sans cesse à se confondre avec le développement du cylindre ; et, en même temps, la *transformée* de la section prismatique s'approche de plus en plus d'une certaine courbe-limite AMCB..., laquelle est dite *transformée* de la section cylindrique (*).

On obtiendra cette transformée avec toute l'approximation que la question comporte si, après avoir construit, comme il a été indiqué plus haut, le développement du cylindre, et après avoir rapporté sur ce développement

---

(*) Pour ne pas compliquer l'épure, nous avons désigné par les mêmes lettres A, M, C, B,..., les sommets du polygone obtenu en développpant le prisme, et les limites de ces sommets, situées sur la courbe avec laquelle le polygone tend à se confondre. Mais il est bien entendu que, rigoureusement parlant, *les premiers points ne coïncident jamais avec les seconds.*

les points (a, a_1), (m, m_1), (c, c_1),..., on fait passer, par les points A, M, C,..., un *trait continu* AMCB... (*).

83. *Remarque.* Nous avons vu, tout à l'heure, que la transformée de la section prismatique a ses éléments égaux, respectivement, à ceux de la section. Par suite, les périmètres de ces deux polygones sont égaux entre eux. Or, deux grandeurs constamment égales ont des li-

---

(*) On peut se proposer de trouver l'équation de la transformée AMCB. Pour cela, supposons que l'on sache exprimer l'*arc am* $= s$ de la base du cylindre, en fonction de l'*abscisse* $aP = x$ du point m, et soit $s = \varphi(x)$ la relation entre ces deux variables. Soient, en outre, θ l'inclinaison du plan sécant sur le plan horizontal, et h la hauteur à laquelle ce plan vient couper la génératrice $a'a''$. On a, pour l'ordonnée du point (m, m_1),

$$z = h + x \operatorname{tg} \theta.$$

Or, sur le développement, $am = X = s$, et $Mm = Y = z$. L'équation cherchée est donc

$$X = \varphi \, \frac{Y - h}{\operatorname{tg} \theta}.$$

Si la base du cylindre est un cercle de rayon R,

$$s = R \arccos \frac{R - x}{R}.$$

Par conséquent, la transformée sera représentée par

$$X = R \arccos\left(1 - \frac{Y - h}{R \operatorname{tg} \theta}\right),$$

ou par

$$1 - \frac{Y - h}{R \operatorname{tg} \theta} = \cos \frac{X}{R}.$$

Pour simplifier cette équation, transportons l'origine au point C, dont les coordonnées sont $\frac{1}{2}\pi R$ et $h + R \operatorname{tg} \theta$; et nous aurons enfin :

$$y = R \operatorname{tg} \theta \sin \frac{x}{R}.$$

On voit que *la transformée de la section plane d'un cylindre de révolution est une variété de la* SINUSOÏDE.

mites égales; donc *la section plane d'un cylindre, et la transformée de cette section, sont deux lignes de même longueur.*

84. On reconnaît, sans difficulté, que le raisonnement qui précède s'applique, soit à *une ligne quelconque tracée sur un cylindre*, soit, plus généralement, à *toute ligne tracée sur une surface développable quelconque*. Nous énoncerons donc, dès à présent, ce théorème général :

Toute ligne, tracée sur une surface développable, est de même longueur que sa transformée.

85. Il existe, entre toute ligne tracée sur la surface d'un cylindre et la transformée de cette ligne, une autre relation remarquable, que l'on peut énoncer ainsi :

Si l'on considère, sur une surface cylindrique et sur son développement, une ligne quelconque et sa transformée, les tangentes à ces deux lignes, en deux points correspondants, sont également inclinées sur les génératrices et sur les transformées de celle-ci;

Ou, en termes plus courts, mais *moins exacts :*

L'angle que fait la tangente à une courbe tracée sur la surface d'un cylindre, avec la génératrice passant par le point de contact, reste invariable quand on développe la surface.

Pour démontrer cette proposition, substituons encore au cylindre un prisme qui y soit inscrit, et traçons, sur la surface prismatique, un polygone dont les sommets soient les points de rencontre des arêtes avec la courbe tracée sur le cylindre; puis développons la surface. Dans cette opération, les trapèzes formés par les arêtes, par les côtés de la base du prisme et par les côtés du polygone, viendront se placer, les uns à la suite des autres, sur le plan de développement. Conséquemment, *l'angle formé par un côté quelconque du polygone, avec les arêtes du prisme, reste invariable quand on développe celui-ci.* Or le prolongement d'un côté MN du polygone tracé sur la surface prismatique a pour limite la tangente en M à la courbe tracée sur le cylindre. De même, le prolongement de l'élément M'N', appartenant à la transformée du polygone, a pour limite la tangente en M' à la transformée de la courbe, etc.

86. Des raisonnements semblables prouvent que :

Si l'on considère, sur une surface développable et sur son développement, une ligne quelconque et sa transformée, les tangentes à ces deux lignes, en deux points correspondants, sont également inclinées sur la génératrice passant par le premier point et sur la transformée de celle-ci.

87. *Construction de la tangente à la transformée de la section cylindrique.* Reportons-nous maintenant à la figure 34. La tangente au point M de l'espace, la projection horizontale *rm* de cette droite, et la partie M*m* de la génératrice forment un triangle M*mr*, évidemment rectangle en *m*, et égal, par conséquent, au triangle M*mr* (fig. 32) formé par la tangente M*r* à la transformée de la section, la transformée M*m* de la génératrice, et la transformée de de la base du cylindre. En effet, ces deux triangles ont un angle aigu égal et un côté égal. Donc la base *mr* du second est égal à la base *mr* du premier. De là, cette règle :

Prenez sur le développement du cylindre, à partir du point où la transformée de la génératrice passant par le point de contact rencontre la transformée de la base, et dans le sens convenable, une distance égale à l'intervalle compris entre la trace horizontale de la tangente et la trace horizon-

tale de la génératrice; joignez le point ainsi obtenu avec le transformé (*) *du point de contact; vous aurez la tangente à la transformée de la courbe tracée sur le cylindre.*

88. *Remarque.* Le *point d'inflexion* C correspond au maximum de l'angle M*rm* (fig. 32), lequel est égal à M*rm* (fig. 31). Mais, d'après une propriété connue, ce dernier angle devient maximum lorsque la tangente M*r* est parallèle à la *ligne de plus grande pente* du plan, c'est-à-dire perpendiculaire à la trace horizontale de celui-ci.

DE L'HÉLICE.

89. Parmi les courbes, en nombre infini, que l'on peut supposer tracées sur la surface d'un cylindre quelconque, l'une des plus importantes est l'HÉLICE. On désigne, sous ce nom, *toute ligne dont la transformée est une droite.* D'après cette définition, les sections faites dans un cylindre, par des plans perpendiculaires aux génératrices, sont des hélices. Les génératrices elles-mêmes constituent un cas particulier de ces courbes : ce sont des *hélices rectilignes.*

90. La droite, transformée d'une hélice quelconque, peut être regardée comme *une ligne dont la tangente a une direction constante;* et il est clair qu'une courbe ne saurait jouir de cette propriété. Par conséquent, et d'après ce que nous avons expliqué ci-dessus (85) : *La tangente en un point quelconque d'une hélice fait, avec les génératrices, un angle constant.* Cette propriété est souvent prise pour définition.

(*) Puisque l'on dit : *la transformée d'une ligne,* pourquoi ne dirait-on pas : *le transformé d'un point?* Par les progrès des sciences et des arts, certains néologismes s'introduisent nécessairement dans le langage.

91. Théorème. *Les hélices, tracées sur un cylindre quelconque, sont des courbes à double courbure.*

FIG. 33.

Supposons, s'il est possible, qu'un arc ABC d'hélice soit situé dans un plan. Alors les tangentes AS, BR, CT à cette ligne feront, avec les génératrices passant par les points de contact, des angles égaux entre eux. En d'autres termes : si, par un point de l'espace, on menait des parallèles aux tangentes et une parallèle aux génératrices, la dernière droite serait également inclinée sur les trois autres. Cette conclusion, admissible si l'hélice est droite, ou si son plan est perpendiculaire aux génératrices, est absurde dans tout autre cas. Ainsi, *de toutes les hélices tracées sur un cylindre quelconque, les seules qui soient planes sont les génératrices, ou les sections perpendiculaires à ces droites.*

92. *Remarque.* La section obtenue en coupant un cylindre par un plan perpendiculaire aux génératrices, est appelée *section orthogonale* ou *section droite.*

93. Théorème. *Dans l'hélice, la sous-tangente est égale à l'abscisse curviligne.*

FIG. 34.

Prenons pour *origine* de l'hélice AMB le point A où elle perce la *section droite* A*mb* du cylindre C. Soit ensuite MR la tangente en un point quelconque de la première courbe : cette droite a pour projection, sur le plan XY de la section droite, la tangente *m*R à A*mb*. La distance R*m*, comprise entre la *trace* R de RM et la projection *m* de M, est ce qu'on appelle la *sous-tangente*; et l'arc A*m* est l'*abscisse curviligne* du point M.

Le théorème énoncé consiste donc en ce que

$$Rm = \text{arc } Am.$$

Or, si l'on développe le triangle *cylindrique* AmM, on obtient un triangle rectangle A′m′M′, dans lequel les côtés M′m′, A′m′ de l'angle droit sont égaux, respectivement, à Mm et à l'arc Am rectifié. D'un autre côté, l'hypoténuse A′M′ pouvant être considérée comme se confondant avec sa tangente en M′, il résulte, de la règle démontrée ci-dessus (87), que le côté A′m′ est égal à la sous-tangente Rm; celle-ci est donc égale à l'abscisse curviligne Am.

94. Théorème. *Le lieu du point où la tangente à l'hélice perce le plan d'une section droite du cylindre, est une développante de la section droite.*

D'après le théorème précédent, il faut, pour avoir ce lieu, mener une tangente quelconque mR à la section droite Amb, et prendre ensuite sur cette tangente, à partir du point de contact, une longueur mR, égale à l'arc Am rectifié. Cette construction est précisément celle qui sert à définir la *développante* d'une courbe quelconque Amb. Le théorème est donc démontré.

Fig. 34.

95. Théorème. *Le plus court chemin entre deux points, sur la surface d'un cylindre, est le plus petit des arcs d'hélices terminés à deux points.*

Remarquons d'abord que, par deux points A, B, pris sur la surface d'un cylindre ayant pour base une courbe *fermée*, on peut faire passer une infinité d'hélices. En effet, imaginons un plan P, mené par le point A, perpendiculairement aux génératrices, et supposons, pour fixer les idées, que le point B soit *au-dessus* de ce plan P. Si, par le point A, nous menons une infinité d'hélices dont les inclinaisons avec les génératrices augmentent d'une manière continue, en commençant par une inclinaison nulle, il y aura une de ces courbes qui passera par le point B, sans *avoir rencontré toutes les génératrices;* il y en aura une qui, après les avoir coupées toutes, rencontrera de nouveau une partie d'entre elles, et se terminera en B; et ainsi de suite (*).

Cela posé, considérons, avec la première de ces hélices, une courbe quelconque ACB, tracée sur la surface cylindrique, et terminée aux points A, B. Quand nous développerons le cylindre, ces deux lignes conserveront leurs longueurs (84). Or, la droite, transformée de l'hélice, est plus courte que la transformée de ABC, etc.

PROBLÈME XI.

Trouver : 1° les projections de la section droite d'un cylindre quelconque; 2° le rabattement de cette courbe; 3° le développement du cylindre; 4° la transformée de sa base; 5° les tangentes à la section droite et à la transformée de la base.

96. *Projections de la section droite.* Supposons, comme dans le Problème X, que le cylindre soit donné par sa

---

(*) Lorsqu'une hélice est tracée sur un cylindre à base fermée, elle se compose d'une infinité d'arcs, tous égaux entre eux, et déterminés par les rencontres successives de la courbe avec une même génératrice. Chacun de ces arcs est une *spire.* L'intervalle constant compris entre les extrémités d'une même spire est ce qu'on appelle *pas de l'hélice,* etc. Relativement aux hélices dont il est question dans le texte, si l'on désigne par l la longueur de la section faite par le plan P, par h la hauteur du point B au-dessus de ce plan, par s l'arc compris entre le point A et la projection du point B, enfin par i l'angle que fait, avec les génératrices, la tangente à une quelconque de ces courbes; on aura

$$\operatorname{tg} i = \frac{s + nl}{h}.$$

Dans cette formule, n représente le nombre des spires contenues dans l'arc AB.

trace horizontale *abcd* et par la direction de ses génératrices. Après avoir déterminé, comme à l'endroit cité, les
projections des contours apparents, prenons un plan αβγ,
dont les traces soient, respectivement, perpendiculaires
aux projections des génératrices : ce plan, par son intersection avec la surface du cylindre, donnera la section
droite de celui-ci.

Pour obtenir les projections de cette courbe, il suffit,
évidemment, de chercher les points où un certain nombre
de génératrices, convenablement choisies, percent le plan
αβγ. Nous avons indiqué sur l'épure la construction qui
donne le point (m, m'), correspondant à la génératrice
quelconque $(mp, m'p')$. En renvoyant, pour l'explication
de ce tracé, au Problème XII de la Première Partie, nous
mentionnerons cependant une circonstance particulière
qui se présente dans cette épure et qui la simplifie considérablement.

Comme les plans auxiliaires, tel que $mp\delta\varepsilon$, sont tous
parallèles entre eux, les projections verticales de leurs intersections avec le plan αβγ sont toutes parallèles à l'une
d'elles, par exemple, à $e'm'$. Il suffit donc, pour obtenir
ces projections avec une grande exactitude, de construire
les points où elles rencontrent la ligne de terre.

En faisant passer deux traits continus par les points déterminés comme il vient d'être dit, on aura les projections
de la section droite. Mais, pour que ces courbes soient
mieux construites, il convient d'y mener des tangentes,
d'abord en des points quelconques, et ensuite en des
points remarquables.

97. *Construction de la tangente.* Considérons d'abord
un point quelconque M de la section, projeté en (m, m').

La tangente en ce point est l'intersection du plan de la courbe et du plan tangent au cylindre, en ce même point M (77). Si donc nous construisons la trace horizontale pr de ce dernier plan, et que nous joignions le point r, où elle rencontre la trace horizontale $\alpha\beta$, avec la projection horizontale m du point de contact, nous aurons la projection horizontale de la tangente en M. On obtiendra aisément la projection verticale $r'm'$ de la même droite, si l'on fait attention que le point (r, r'), où se coupent les traces horizontales des deux plans, est la trace horizontale de leur intersection.

98. Les *points remarquables* sont, dans l'épure qui nous occupe, les points (f, f'), (h, h'), (g, g'), (k, k') situés sur les *contours apparents*. Les considérations exposées ci-dessus (51), ou l'application de la règle précédente, prouvent que les tangentes en f, h, sont les projections horizontales df, bh des génératrices extrêmes, et que les tangentes en g', k' sont, semblablement, les projections du contour apparent, relatif au plan vertical.

99. Pour éviter la multiplicité des constructions, nous n'avons pas déterminé : 1° les points pour lesquels la tangente est *horizontale*; 2° les points pour lesquels la tangente est *parallèle au plan vertical*. Nous engageons le lecteur à effectuer cette recherche, qui ne présente aucune difficulté.

100. Tout ce qui précède subsisterait sans modification, si le plan $\alpha\beta\gamma$, au lieu d'être perpendiculaire aux génératrices du cylindre, avait une direction arbitraire. Ainsi, nous pouvons regarder comme résolu ce problème général : *Construire les projections de la section d'un cylindre par un plan quelconque.*

101. *Rabattement de la section droite.* On a vu, dans la Première Partie (Problèmes XVI et suivants), comment on peut construire le rabattement d'une figure plane dont les deux projections sont données. L'application du procédé général, aux différents points (m, m'), (g, g'), etc., donne les points M_1, G_1,... En unissant ceux-ci par un trait continu, on aura, avec une approximation suffisante, non plus les projections de la section droite, mais cette section même, en *vraie grandeur*. Il ne sera pas plus difficile de construire le rabattement rM_1 de la tangente rM.

Nous n'aurions donc rien à dire sur cette partie de l'épure, si nous ne devions faire remarquer les simplifications suivantes, applicables à toutes les questions ayant pour objet les rabattements des figures planes.

102. 1° Considérons, pour fixer les idées, le point M de l'épure, projeté en m, m', et rabattu en M_1. Pour trouver ce dernier point, on doit (Première Partie, Problème XVI) construire l'hypoténuse du triangle Mme, rectangle en m, et dans lequel le côté vertical Mm est égal à $\mu m'$.

Au lieu de rabattre ce triangle autour de sa base me, et de répéter la même opération pour les triangles semblables à celui-là (*), et relatifs aux points G, F,..., ce qui introduirait de la confusion dans l'épure, transportons tous ces triangles *parallèlement à eux-mêmes*, jusqu'à ce que leurs bases viennent se placer sur une droite $x'y'$. Si maintenant le plan vertical qui les contient tous se rabat sur le plan horizontal, les diverses hypoténuses viendront

---

(*) Ces triangles rectangles sont semblables, parce que l'angle aigu Mem mesure l'inclinaison du plan $\alpha\beta\gamma$ sur le plan horizontal (Première Partie, Problème XLI).

se placer sur une même droite $e_1\lambda_1$ dont nous construirons un point m_1 en prenant sur $m\mu_1$, perpendiculaire à $x'y'$, la distance $\mu_1 m_1$ égale à $\mu m'$. Les perpendiculaires nn_1, gg_1,... donneront ensuite les hypoténuses cherchées $c_1 n_1$, $e_1 g_1$...

2° Il n'est pas nécessaire, pour construire les points m_1, n_1, g_1,..., de connaître les projections horizontales correspondantes m, n, g,... : on peut même, pour plus d'exactitude et de simplicité, déterminer celles-ci au moyen des rabattements m_1, n_1, g_1.

En effet, l'angle aigu $x'e_1\lambda_1$ est, évidemment, le complément de l'angle aigu formé par une génératrice quelconque pM et par sa projection horizontale pm. D'après cela, prenons, sur la génératrice pM, un point quelconque, par exemple celui qui est projeté en e, e'' ; puis, après avoir abaissé pp_1 perpendiculaire à $x'y'$ et avoir pris $e_1 e_2$ égal à $e'e''$, menons $p_1 e_2$: cette droite sera la position occupée par la génératrice quand, après l'avoir transportée parallèlement à elle-même, nous l'aurons fait tourner autour de $x'y'$.

Les autres génératrices viendront, semblablement, se rabattre suivant des parallèles à $p_1 e_2$. Nous trouverons un point de chacune d'elles en abaissant bb_1, dd_1,... perpendiculaires à $x'y'$; et en coupant tous ces rabattements par la perpendiculaire commune $e_1\lambda_1$, nous obtiendrons, tout d'un coup, les points m_1, n_1, g_1,... Nous pourrons ensuite, comme nous venons de le dire, déterminer par leur moyen, non-seulement la projection horizontale de la section, mais encore sa projection verticale.

3° Les rabattements m_1, n_1, g_1,... ayant été construits, par l'un ou par l'autre des deux procédés qui viennent d'être indiqués, la recherche du rabattement $M_1N_1G_1...$ de la section droite n'offrira plus de difficulté.

103. *Remarque.* Au lieu de regarder les droites p_1m_1, $b_1h_1,...$, comme ayant été obtenues par une *translation* et une *rotation* des génératrices, on peut supposer que ces dernières lignes ont été projetées sur le plan vertical ayant pour trace $x'y'$, et que ce plan vertical a été rabattu sur le plan horizontal de projection. Sous ce point de vue, le plan vertical dont il s'agit est un *nouveau plan vertical de projection*, la droite $x'y'$ est une *nouvelle ligne de terre*, et l'épure, modifiée comme nous venons de l'expliquer, est une application du procédé connu sous le nom de *Méthode des changements de plans de projection* (Première Partie, Chapitre III).

104. *Développement du cylindre.* Nous savons que la section droite d'un cylindre se transforme, quand on effectue le développement, en une perpendiculaire aux transformées des génératrices (92). Si donc, sur une droite indéfinie UV, nous prenons les distances HM, MG, GF, FN, NK, KH$_1$, respectivement égales aux arcs H$_1$M$_1$, M$_1$G$_1$ *rectifiés* (*), puis que, par les point H, M, G..., nous menions des perpendiculaires à UV, ces droites pourront être regardées comme les transformées des génératrices du cylindre, dont UV représentera la section droite.

Fig. 36.
Fig. 35.

105. *Transformée de la base.* Une ligne quelconque, tracée sur la surface du cylindre, est de même longueur

---

(*) Pour rectifier approximativement les arcs H$_1$M$_1$, M$_1$G$_1$..., on inscrit, à chacun d'eux, des cordes égales entre elles, assez petites pour qu'on puisse, sans erreur sensible, les regarder comme se confondant avec les petits arcs qu'elles sous-tendent.

que sa transformée (84). Par conséquent, pour construire un certain nombre de points appartenant à la transformée de la trace horizontale du cylindre, il suffit de prendre les longueurs Hb, Mp... respectivement égales aux *vraies grandeurs* h_1b_1, m_1p_1,.... des portions de génératrices, comprises entre le plan de la section droite et le plan horizontal. La courbe bpa..., qui unit tous les points ainsi obtenus, est la transformée cherchée.

Quant à la partie de la surface située au-dessus de la section droite, on peut la terminer par un simple *arrachement*.

106. *Tangente à la transformée de la base.* Les explications données dans le n° 87 prouvent que, pour mener la tangente au point p de la transformée, correspondant au point M de la section droite, il suffit de prendre, sur la droite indéfinie UV, la distance Mr égale à M_1r, et de joindre le point r au point p. On peut encore déterminer le point r par la condition que la distance pr soit égale à la partie pr de la tangente à la trace horizontale du cylindre.

107. Si l'on voulait construire les points de la transformée bpa... pour lesquels la tangente est perpendiculaire aux transformées des génératrices, il suffirait d'observer qu'ils correspondent aux points de la base pour lesquels, pareillement, la tangente est perpendiculaire aux génératrices. Pour abréger, nous n'avons pas indiqué ces points sur l'épure. Nous n'avons pas construit non plus les points d'inflexion de la transformée (88).

PROBLÈME XII.

Trouver : 1º l'intersection d'un cône de révolution et d'un plan perpendiculaire au plan
vertical; 2º la tangente en un point de l'intersection; 3º le rabattement de cette courbe
et de sa tangente; 4º le développement du cône; 5º la transformée de l'intersection;
6º la tangente à cette transformée.

108. *Projections de l'intersection*. Prenons le plan horizontal de projection, perpendiculaire à l'axe du cône, et
faisons passer le plan vertical par cet axe, perpendiculairement au plan donné. Alors les projections de l'axe
sont le point s, situé sur la ligne de terre, et la perpendiculaire ss' à cette droite. En même temps, la section méridienne du cône, ou le contour apparent, relatif au plan
vertical, est le triangle isocèle $as'c$. Il est évident qu'il
n'y a pas de contour apparent, relatif au plan horizontal,
et que la base du cône est la circonférence décrite sur ac
comme diamètre. Pour plus de clarté dans l'épure, nous
avons seulement tracé la partie de cette base, située en
avant du plan vertical. Enfin, le plan sécant $\alpha\beta\gamma$ a sa
trace horizontale $\alpha\beta$, perpendiculaire à la ligne de terre.

109. Ces constructions préliminaires étant effectuées,
on observe que la projection verticale de l'intersection
est le segment $g'i'$ de la trace verticale $\beta\gamma$, compris entre
les projections $s'a$, $s'c$ des génératrices extrêmes; en sorte
que la projection horizontale seule est inconnue.

Pour la déterminer, on peut employer deux procédés
principaux, qui se déduisent des deux modes de génération de la surface (22, 3º).

En effet, soit M un point quelconque de la courbe d'intersection, ayant m' pour projection verticale. Par ce point

FIG. 37.

M, on peut faire passer, soit un *méridien*, soit un *parallèle*.

Le méridien, c'est-à-dire la génératrice rectiligne passant en M, a pour projection verticale $s'm'd'$: sa projection horizontale s'obtient immédiatement, puisque cette génératrice a sa trace horizontale sur celle du cône. Quant au parallèle du point M, il a pour projection verticale la droite $k't'$ parallèle à la ligne de terre ; et il se projette en vraie grandeur, sur le plan horizontal, suivant la circonférence ghl. Chacune des deux méthodes donne ainsi, très-aisément, la projection horizontale m d'un point quelconque M de l'intersection. Cette ligne se projette donc suivant une courbe $gmi...$, qui a pour *axe* la ligne de terre, et pour *sommets* les points g, i.

110. *Remarques.* I. Des deux procédés qui viennent d'être indiqués, le second, seul, est applicable à la détermination du point h, situé sur le méridien perpendiculaire au plan vertical de projection.

II. Afin de rendre l'épure plus régulière, et surtout en vue des constructions ultérieures, on divise la demi-circonférence abc en un certain nombre de parties égales ; et l'on emploie les génératrices passant par les points de division.

111. *Construction de la tangente.* Elle ne diffère pas de celle qui a été expliquée ci-dessus (97), et donne mr pour projection horizontale de cette ligne.

112. *Rabattement de l'intersection.* Pour cette partie de l'épure, que nous n'avons pas effectuée, nous renverrons le lecteur au Problème XI (101).

113. *Développement du cône.* Concevons que l'on ait inscrit à un cône une série de pyramides dont les faces latérales diminuent indéfiniment, et qu'on ait développé les surfaces ainsi obtenues : la limite de ces développe-

ments est ce qu'on appelle développement de la surface conique (20).

Dans le cas qui nous occupe, le cône est droit, à base circulaire; par conséquent, il se développe suivant un secteur circulaire ASA_1A, dont le rayon SA est la génératrice as', et dont l'arc ABA_1 a même longueur que la circonférence abc (84).

Pour obtenir cet arc, on pourrait se contenter de porter, sur la circonférence à laquelle il appartient, à partir du point A, et les unes à la suite des autres, des cordes égales à celles qui sous-tendent les arcs $a1$, 12, 23... de la base du cône; mais il vaut mieux construire d'abord, au moyen d'un *rapporteur*, l'angle ASA_1 (*); après quoi l'on partage l'arc ABA_1 en autant de parties égales qu'il y en a dans la circonférence abc.

En joignant le centre aux points de division obtenus par l'une ou l'autre de ces deux méthodes, on aura les transformées des génératrices du cône.

FIG. 38.

(*) En désignant par R le rayon de la base du cône, par l le rayon du secteur, et par φ la *mesure* de l'angle ASA_1, c'est-à-dire l'arc qui correspond à cet angle, dans le cercle dont le rayon est un, on a

$$2\pi R = \varphi \cdot l,$$

d'où

$$\varphi = 2\pi \frac{R}{l}.$$

D'un autre côté,

$$\frac{\varphi}{2\pi} = \frac{n}{360},$$

n étant le nombre de *degrés* de l'arc ABA_1. Donc

$$n = 360° \cdot \frac{R}{l}.$$

Dans notre épure, $R = 46^{mm}$, $l = 79^{mm}$; en sorte que $n = 209,9$. L'angle ASA_1 est donc d'environ $210°$.

114. *Transformée de l'intersection*. Les distances comprises entre le sommet du cône et les points où les génératrices sont rencontrées par le plan sécant restent invariables, quand on développe la surface (84). Conséquemment, pour obtenir le *transformé* M du point (m, m'), il suffit de prendre, sur le rayon SD, la distance SM égale à celle qui sépare le point (m, m') du sommet (s, s'). Or, cette dernière distance est, évidemment, représentée par $s'k'$.

En répétant la même construction, on obtient la courbe $GMHIG_1$, *transformée de la section conique* (*).

FIG. 38.

FIG. 37.

(*) On peut, de la manière suivante, trouver l'équation de la courbe $GMHIG_1$.

Désignons par α l'angle $s'g'i'$ que fait le plan sécant avec la génératrice (as, as'), par β l'*angle* $as's$ *générateur du cône*, par d la distance $g's'$. Faisons, en outre,

$$sm = u, \quad asm = \theta, \quad SM = \rho, \quad ASM = \omega.$$

Nous aurons d'abord, en exprimant que $AD = ad$, et à cause de $as = AS \sin \beta$:

$$\theta = \frac{\omega}{\sin \beta}. \tag{1}$$

Le rayon vecteur sm est la projection horizontale de SM ; donc

$$u = \rho \sin \beta. \tag{2}$$

Exprimons maintenant que les distances kp, $k'm'$ sont égales. Or, $kp = u(1 - \cos \theta)$; et, dans le triangle $k'g'm'$,

$$\frac{k'm'}{\sin \alpha} = \frac{g'k'}{\sin m'} = \frac{d - \rho}{\cos(\alpha + \beta)};$$

d'où

$$k'm' = (d - \rho) \frac{\sin \alpha}{\cos(\alpha + \beta)}.$$

Nous aurons donc, à cause de l'équation (2) :

$$\rho(1 - \cos \theta) \sin \beta = (d - \rho) \frac{\sin \alpha}{\cos(\alpha + \beta)}; \tag{3}$$

115. *Tangente à la transformée de la section conique.*
Les considérations employées à propos du cylindre sont
applicables ici, et l'on trouve, par leur moyen, que la
tangente MR est l'hypoténuse du triangle RDM, dans lequel DR = *dr*.

116. *Nature de la section.* On peut démontrer, soit par
des considérations purement géométriques, soit par le
calcul, que la section faite par un plan P, dans un cône
de révolution, est une courbe du second degré, c'est-à-dire
une *ellipse*, une *hyperbole*, ou une *parabole.* Dans l'exemple

---

puis

$$\rho = \frac{d \sin \alpha}{\cos(\alpha + \beta)\sin \beta + \sin \alpha - \cos(\alpha + \beta)\sin \beta \cos \dfrac{\omega}{\sin \beta}}.$$

Pour simplifier le dénominateur, observons que

$$\cos(\alpha + \beta)\sin\beta + \sin\alpha = \cos(\alpha + \beta)\sin\beta + \sin(\alpha+\beta-\beta) = \sin(\alpha+\beta)\cos\beta;$$

et nous aurons enfin

$$\rho = \frac{d \sin \alpha}{\sin(\alpha + \beta)\cos\beta - \cos(\alpha + \beta)\sin\beta \cos \dfrac{\omega}{\sin\beta}}. \qquad (4)$$

Telle est l'équation qui représente *les transformées des sections coniques.* Elle peut être mise sous la forme abrégée :

$$\rho = \frac{p}{1 - e \cos m\omega}.$$

Ajoutons que la projection horizontale *img* est représentée par

$$u = \frac{p \sin \beta}{1 - e \cos\theta},$$

équation d'une conique rapportée à son foyer comme pôle. Conséquemment, *si l'on coupe un cône de révolution par un plan, et que l'on projette la figure sur un plan perpendiculaire à l'axe du cône, l'un des foyers
de la projection est situé sur cette droite.*

.. Cette remarque a été faite par M. *Vieille.*

traité ci-dessus, le plan P coupait *toutes les génératrices ;*
et la courbe obtenue, située tout entière sur une seule nappe
du cône, était une ellipse. Si, au contraire, le plan P
rencontre les deux nappes de la surface, ou, ce qui est
la même chose, s'il est *parallèle à deux génératrices,*
la courbe d'intersection, évidemment composée de deux
branches séparées et infinies, est une hyperbole. Enfin,
s'il arrive que le plan sécant soit *parallèle à une seule
génératrice,* cette courbe, ayant une seule branche infinie, est une parabole.

Il est intéressant de considérer à part le second cas,
parce qu'il donne lieu à la construction des *asymptotes*
de l'hyperbole.

Fig. 39.

117. *Cas où la section est une hyperbole.* Supposons,
comme précédemment, que l'axe (o, oz') du cône soit situé dans le plan vertical de projection, perpendiculairement au plan horizontal ; et, pour plus de régularité dans
l'épure, limitons les deux nappes aux plans horizontaux ab, $a''b''$, symétriquement placés à l'égard du *centre*
(o, o'). En même temps, prenons le plan P (toujours supposé perpendiculaire au plan vertical) de manière que les
points (e, e'), (f, f'), où il rencontre les génératrices extrêmes (ab, ab''), $(ab, a''b)$, soient situés, l'un sur la nappe
inférieure du cône, et l'autre sur la nappe supérieure.

Au moyen de ces données, et en opérant comme dans
l'épure précédente, nous obtiendrons l'hyperbole eg, fh,
projection horizontale de l'hyperbole H suivant laquelle
le plan P coupe le cône.

118. *Construction des asymptotes.* Généralement, on
*peut considérer l'asymptote d'une courbe comme la limite
des positions d'une tangente dont le point de contact s'éloi-*

gne indéfiniment sur la courbe (*). D'après cette remarque, pour qu'une courbe ait une asymptote, il faut : 1° *que la courbe ait une branche infinie;* 2° *que, le point de contact s'éloignant indéfiniment sur cette branche, la tangente s'approche sans cesse d'une position-limite.*

Il est facile de reconnaître que la courbe dont nous venons de construire la projection horizontale satisfait à la première condition. En effet, menons, par le centre du cône, un plan *kk'l'* parallèle à αβγ : il coupera la surface suivant des génératrices (*ko, k'l'*), (*lo, k'l'*) parallèles au plan αβγ. Remplaçons, par la pensée, la droite (*ko, k'l'*) par une autre génératrice G, qui fasse, avec la première, un très-petit angle : il est clair que le point M, où cette dernière ligne rencontre le plan αβγ de la courbe H, peut s'éloigner, autant que nous le voudrons, du point (*e, e'*), si l'angle dont il s'agit est rendu suffisamment petit. C'est ce qu'il fallait prouver.

On voit, en même temps, que *les génératrices parallèles au plan sécant sont les limites de celles qui rencontrent ce plan.* Les considérations générales sur les surfaces développables nous avaient déjà conduit à cette conclusion (44).

Remarquons maintenant que la tangente à la courbe H,

(*) Soient M, M′ deux points pris sur une branche infinie AB, ayant pour asymptote une droite CD. Abaissons MP, M′P′ perpendiculaires à CD ; puis supposons que les points M, M′ s'éloignent indéfiniment sur AB, de manière que la projection PP′ conserve une longueur constante : d'après la définition de l'asymptote, la corde MM′ tend à se confondre avec CD. Ainsi *l'asymptote est la limite des positions d'une sécante quelconque, dont deux points consécutifs d'intersection avec la courbe s'éloignent indéfiniment sur celle-ci.*

Cette proposition comprend, comme cas particulier, celle du texte.

au point M, serait l'intersection du plan P avec le plan tangent au cône, suivant la génératrice G. Si donc cette intersection s'approche indéfiniment d'une droite fixe, quand la génératrice G tend vers sa position-limite $(ko,\ k'l')$, cette droite fixe sera l'asymptote. Or, le plan tangent suivant la génératrice G a pour limite le plan tangent suivant $(ko,\ k'l')$; donc la tangente en M tend sans cesse à se confondre avec la droite suivant laquelle ce dernier plan coupe le plan P; donc l'arc infini projeté suivant *eg* a une asymptote. La même conclusion subsisterait pour l'arc projeté en *fh*, et pour les deux arcs symétriques des premiers par rapport au plan vertical. La courbe H est donc une hyperbole, ainsi que l'avait indiqué la position du plan P.

119. Le plan tangent au cône, suivant $(ko,\ k'l')$, a pour trace horizontale la tangente *kp* à la base du cône : le point *p*, où cette tangente rencontre la trace $\alpha\beta$ du plan P, est donc la trace horizontale de l'asymptote. D'ailleurs, la génératrice $(ko,\ k'l')$ est parallèle au plan P; donc l'asymptote, intersection du plan P et du plan tangent, est parallèle à la génératrice : *sa projection horizontale est donc* pi, *parallèle à la projection horizontale* ko *de la génératrice-limite.*

120. Il résulte, du Théorème général sur la projection d'une tangente, que *la projection* pi *de l'asymptote à l'hyperbole* H *est asymptote à la projection* eg *de cette hyperbole.*

121. Une construction semblable à la précédente donnerait l'asymptote *qi* à l'arc *fh. Il faut,* comme vérification, *que les deux asymptotes se coupent au centre* $(i,\ i')$ *de l'hyperbole* H. Cette remarque donne un moyen d'obtenir les deux asymptotes, plus rapide et plus exact que celui que nous venons d'employer.

122. Si le plan P, toujours perpendiculaire au plan vertical, était parallèle à la génératrice extrême (ao, ao'), auquel cas la section serait une parabole, la génératrice (ko, $k'o'$) se confondrait avec (ao, ao'). Par suite, le plan tangent suivant cette dernière droite ne couperait plus le plan P; donc *la parabole n'a pas d'asymptote.*

123. *Développement du cône; transformée de l'hyperbole.* Les deux nappes du cône étant, par hypothèse, limitées aux plans ab, $a''b''$, équidistants du centre, elles se développent suivant deux secteurs BAB_1O, $A''B''A''_1O$, égaux entre eux, et que nous pouvons prendre dans un même cercle ayant pour rayon le côté ao' du cône. Nous pouvons même les placer symétriquement à l'égard du centre O, ce qui revient à supposer que, la nappe inférieure du cône étant *ouverte* suivant la génératrice (bo, $o'b'$), la nappe supérieure soit ouverte suivant le prolongement de cette droite. De cette manière, la branche inférieure de l'hyperbole se transforme suivant GEG_1, et la transformée de la branche supérieure se compose des deux arcs FH, F_1H_1, symétriques par rapport à OB'', et coupant *orthogonalement* les deux transformées OA'', OA''_1 de la génératrice (oa, oa'').

Ces trois courbes GEG_1, FH, F_1H_1 se construisent par points, absolument comme la transformée de la section elliptique (114).

124. *Asymptote à la transformée de l'hyperbole.* On a vu ci-dessus (115), que pour obtenir la tangente en un point M_1 de la transformée d'une section conique quelconque, il faut construire un triangle égal à celui dont les côtés sont : 1° la tangente T au point M correspondant à M_1; 2° la génératrice G passant en M; 3° la trace hori-

Fig. 40.

Fig. 39.

zontale du plan tangent le long de cette génératrice. Dans le cas qui nous occupe, les limites de ces trois droites

Fig. 39.

sont, respectivement, l'asymptote (pi, $\beta i'$), la génératrice (ko, $k'o$), et la tangente pk à la base du cône. Si donc,

Fig. 40.

après avoir construit la transformée KO de la génératrice (ko, $k'o'$), nous prenons la tangente KP au cercle O égale à kp, et que nous menions PI parallèle à KO, nous aurons l'asymptote à l'arc EG de la transformée. Une construction semblable donnerait les asymptotes des autres arcs.

Fig. 40.

125. *Remarque.* Les asymptotes PI, R_1I des deux arcs EG, F_1H_1, forment une seule et même droite. En effet, la transformée OK de la génératrice (ok, $o'k'$), et la transformée OL_1 du prolongement de cette même génératrice, sont deux segments d'une même droite. De plus, les asymptotes PI, R_1I sont parallèles à cette ligne et elles en sont également distantes, attendu que le *foyer* o est à égales distances des asymptotes pi, qi; donc, etc.

On arrive à la même conclusion en supposant que l'on ait pris, pour *plan de développement*, celui qui touche le cône suivant la génératrice (ok, $o'k'$).

PROBLÈME XIII.

Trouver : 1° les projections de la section faite dans un cône, par un plan quelconque ; 2° le développement du cône ; 3° la transformée de la section ; 4° les tangentes à la transformée de la base et à la transformée de la section.

Fig. 41.

126. *Projections de la section.* Soient (s, s') le sommet du cône, ($abcd$, $a'c'$) la trace horizontale de cette surface, $\alpha\beta\gamma$ le plan donné.

Nous déterminerons, comme dans les problèmes précédents, les projections $ehfg$, $e'h'f'g'$ de la courbe d'intersection, en construïsant les points où le plan est rencontré par un certain nombre de génératrices du cône.

Soit, par exemple, la génératrice $(sp, s'p')$. Le plan qu la projette horizontalement coupe le plan $\alpha\beta\gamma$ suivant une droite dont la trace horizontale est (u, u'), et dont un autre point a s pour projection horizontale. La projection verticale i' de ce dernier point se construit au moyen de l'horizontale $(sl, l'i')$ du plan donné. Nous obtenons ainsi la projection verticale $i'u'm'$ de la droite dont il s'agit ; et, par suite, (m, m') est le point où la génératrice $(sp, s'p')$ perce $\alpha\beta\gamma$.

127. *Remarque.* Les plans auxiliaires, menés par les génératrices, se coupent tous suivant la verticale passant par le sommet du cône; en sorte que leurs intersections avec le plan donné viennent toutes concourir au point (s, i'), où ce dernier plan est rencontré par la verticale dont il s'agit. Il nous a donc suffi, pour déterminer complétement chaque intersection, d'en construire la trace horizontale.

Cette importante simplification est tout à fait analogue à celle que nous avons rencontrée dans le Problème XI (95).

128. *Développement du cône.* La construction de cette partie de l'épure exige que l'on connaisse les vraies longueurs des génératrices projetées en $s1$, $s2$, sp, ... Nous obtiendrons commodément ces diverses droites si nous supposons que chacune d'elles tourne autour de la verticale $(s, s''s')$, de manière à se placer parallèlement au plan vertical.

Soit, par exemple, la génératrice $(sp, s'p')$. Si, sur la parallèle sv à xy, nous prenons $s\pi$ égale à sp; si nous abaissons πp_1, perpendiculaire à xy, et que nous menions

$s'p_1$, cette dernière droite sera, évidemment, la vraie longueur de la génératrice.

Cela posé, pour trouver le développement du cône, nous supposerons que cette surface est *ouverte* suivant la génératrice projetée en $s1$, et nous construirons les triangles 1S2, 2SP, PS4, …, égaux, respectivement, aux triangles composant les faces de la pyramide que nous substituons au cône. En faisant passer un trait continu par les points 1, 2, P, 4, D, …, nous aurons, pour le développement cherché, le *secteur* S12P4D…1. En même temps, la courbe 12P4D…1 sera la tranformée de la base du cône (*).

129. *Transformée de la section.* Si nous prenons, sur la transformée SP de la génératrice (sp, $s'p'$) une longueur SM égale à la partie de cette droite comprise entre le sommet du cône et le plan sécant, nous aurons un point M de la transformée $HMFGH_1$. Or, les distances SP, SM sont proportionnelles aux projections verticales $s'p'$, $s'm'$; et, de plus, SP $= s'p_1$. Si donc, par le point m', nous menons

---

(*) On conçoit que l'ensemble des triangles 1S2, 2SP,… peut différer beaucoup du véritable développement, puisque celui-ci est la limite des développements des pyramides inscrites au cône. D'un autre côté, si l'on multiplie considérablement le nombre des points de division de la base *abef*, on jette de la confusion dans l'épure. Pour éviter cet inconvénient, et en même temps pour obtenir une approximation suffisante, on peut opérer de cette manière :

Après avoir pris S1 (fig. 42) égal à $s'1$ (fig. 41), on décrit, du point S comme centre, avec $s'2$ (fig. 41) pour rayon, un arc $\lambda\mu$; puis on coupe cet arc par un autre arc, décrit du point 1 comme centre, et dont le rayon $\lambda''\mu''$, *plus grand* que la corde 12 (fig. 41), soit *plus petit* que l'arc sous-tendu par cette corde.

Quelle que soit, du reste, la construction qui donne le développement, elle laissera toujours à désirer sous le rapport de la rigueur.

$m'm_1$ parallèle à la ligne de terre, cette droite $m'm_1$ coupera $s'p_1$ en un point m_1, qui donnera $s'm_1 = SM$.

130. *Remarque.* Il est commode de faire passer une courbe par les points $e_1g_1m_1h_1$, bien que cette ligne n'ait aucune signification géométrique.

131. *Tangentes à la transformée de la base et à la transformée de la section.* Après avoir déterminé, par la construction ordinaire, la tangente $(mr, m'r')$ à la courbe d'intersection, au point quelconque (m, m'), proposons-nous d'obtenir la tangente MR à la transformée de cette courbe ; et pour cela, cherchons d'abord la tangente en P, à la transformée de la base du cône. Or, si nous construisons le triangle SPR égal à celui dont les côtés seraient la génératrice $(sp, s'p')$, la tangente pr à la base, et la droite $(rs, r's')$, le côté PR de ce triangle touchera, en P, la transformée de la base. De plus, la droite RM sera tangente, en M, à la transformée de la section conique.

Fig. 41.

Fig. 41.

Fig. 42.

CHAPITRE VI.

Surfaces réglées.

132. Avant de discuter quelques surfaces particulières, engendrées par le mouvement d'une droite, nous compléterons, autant que le permet la nature de cet ouvrage, la théorie générale des surfaces réglées, commencée dans les chapitres précédents.

DES SURFACES DÉVELOPPABLES.

133. On a vu (19) qu'*une surface développable est le lieu des tangentes à une courbe à double courbure.* Cette définition indique nettement la nature des surfaces dont nous nous occupons, mais elle ne nous donne pas, d'une manière complète, *la loi* du mouvement de la génératrice rectiligne. On conçoit, en effet, qu'une droite indéfinie EF, tangente à une courbe donnée ABC, pourrait *glisser* sur celle-ci, de manière que le point de contact, *variable* sur la droite, fût constant sur la courbe. Dans ce cas, il n'y aurait pas de surface engendrée. On pourrait encore attribuer à la tangente un mouvement *oscillatoire ;* et alors le lieu qu'elle décrirait se composerait de petites zones superposées, etc. Pour que la surface développable existe, et pour qu'elle ne soit pas brusquement terminée, il faut donc que la tangente à la courbe donnée se meuve suivant une certaine loi, que nous allons indiquer.

134. Considérons d'abord, comme dans le Chapitre Ier

Fig. 43.

(16), un polygone ABC...FG dont trois côtés consécutifs   Fig. 44.
quelconques ne soient pas dans un même plan.

Prolongeons indéfiniment, *et dans les deux sens*, chacun
des côtés de cette figure ; nous obtiendrons ainsi des droites
qui pourront être regardées comme les arêtes de deux
surfaces polyédrales, ou plutôt de deux nappes d'une même
surface, s'appuyant sur le contour polygonal ABC...FG.

Pour engendrer cette surface par le moyen d'une droite
mobile D, imaginons que $B''B'$ soit une position de cette
génératrice. Pour lui faire prendre la position $C''C'$, nous
la ferons tourner autour d'un axe $B\beta$ mené par le point B,
perpendiculairement au plan ABC : pendant le mouvement, les deux segments de la génératrice engendreront
les angles $B''BC''$, $B'BC'$. De même, cette droite passera
de la position $C''C'$ à la position $D''D'$ en tournant autour
d'un axe $C\gamma$ mené par le sommet C, perpendiculairement
au plan BCD. Et ainsi de suite.

Nous voyons ainsi que les deux nappes de la surface
polyédrale seront engendrées par les rotations successives
d'une même droite, autour des axes $B\beta$, $C\gamma$, $D\delta$...

135. *Remarques*. I. Si nous prenons, sur $B''B'$, les seg-   Fig. 44.
ments BC_1, C_1D_1, D_1D_1..., respectivement égaux aux côtés
BC, CD, DE... du polygone, ces segments viendront, successivement, coïncider avec les côtés correspondants du
polygone directeur.

II. Un point M, pris sur $B''B'$, entre C_1 et D_1, décrit d'a-
bord un arc de cercle MM_1 autour de B, puis un arc M_1m
autour de C, puis un autre arc mM_2 autour de D, etc. Ainsi,
*chaque point de la génératrice décrit une ligne composée
de deux séries d'arcs de cercles, auxquels elle est toujours
normale.*

III. Les tangentes en m, aux deux arcs M_1m, mM_2, seraient perpendiculaires à l'intersection $D''D'$ des plans BCD, CDE, dans lesquels ces arcs sont respectivement situés ; elles ne se confondent donc pas, et leur angle mesure l'inclinaison des deux plans. Par suite, *la ligne décrite par un point quelconque de la génératrice* D *forme un angle au point où elle rencontre la directrice* ABCD...FG.

IV. Le segment MN, déterminé par deux points quelconques M, N de la génératrice, est égal, en longueur, à la partie $mDEn$ de la directrice, comprise entre les positions m, n des premiers points. C'est cette dernière propriété que nous exprimerons, d'une manière abrégée, en disant que *la génératrice roule sur la directrice.*

136. Revenons maintenant au cas de la surface engendrée par une droite EF, continuellement tangente à une courbe à double courbure ABC. Par le principe des limites, que nous avons appliqué plusieurs fois, nous pouvons établir immédiatement les propositions suivantes :

1° *Une surface développable est le lieu des positions d'une droite qui roule, sans glissement, sur une courbe à double courbure donnée ;*

2° *Dans ce mouvement, chaque point de la génératrice décrit une courbe à laquelle la génératrice est normale ; en sorte que cette courbe est une* TRAJECTOIRE ORTHOGONALE *de toutes les génératrices ;*

3° *Cette trajectoire orthogonale des génératrices présente un rebroussement au point où elle coupe la directrice.*

En effet, l'angle des tangentes en m, aux deux lignes Pm, Qm, a une limite nulle. C'est parce que la directrice est le lieu des points de rebroussement des courbes décrites par les points de la génératrice, qu'elle est appelée *arête de rebroussement* de la surface.

4° *La directrice donnée, ou l'arête de rebroussement de la surface développable, partage cette surface en deux nappes, tangentes l'une à l'autre le long de cette arête.*

Les tangentes mT, ms, à ces deux courbes, déterminent les plans tangents aux deux nappes ; donc, etc.

137. Si la surface polyédrale considérée ci-dessus est développée sur un plan, le polygone ABC...EFG se trans-
forme en un autre polygone dont les angles et les côtés sont, respectivement, égaux aux angles et aux côtés du premier (82). Il résulte de là que les circonférences qui passent, l'une par trois sommets consécutifs du premier polygone, l'autre par les trois sommets correspondants du second, sont égales entre elles. Or, si nous remplaçons les deux figures polygonales par les courbes qui en sont les limites, les deux circonférences seront osculatrices à ces deux courbes. Ainsi, *l'arête de rebroussement d'une surface développable et la transformée de cette ligne ont, en deux points correspondants, leurs cercles osculateurs égaux.*

FIG. 44.

138. Le plan du cercle osculateur, en un point M de l'arête de rebroussement, est, évidemment, la limite du plan conduit suivant les deux cordes Mm_1, Mm_2 aboutissant en ce point. En d'autres termes, *le plan osculateur en un point de l'arête de rebroussement se confond avec le plan tangent, en ce point, à la surface développable.* C'est ce que nous avions annoncé précédemment (46).

FIG. 46.

139. Les axes de rotation $B\beta$, $C\gamma$, $D\delta$, ..., que nous avons considérés plus haut, ont pour limites *les normales à l'arête de rebroussement, perpendiculaires aux plans os-*

culateurs de cette ligne (*). En général, le lieu de ces normales est une surface gauche.

140. Nous devrions maintenant, pour compléter ces généralités, indiquer les différents procédés áu moyen desquels on peut engendrer une surface développable. Le lecteur pourra consulter, sur ce sujet, le *Traité de Géométrie descriptive* de Leroy.

DES SURFACES GAUCHES.

141. Pour abréger, nous nous contenterons de donner deux théorèmes très-simples qui permettent souvent de reconnaître si une surface *réglée* est *gauche*. Ces théorèmes sont fondés sur le lemme suivant.

142. LEMME. *Si toutes les tangentes à une ligne plane concourent en un même point, cette ligne est droite.*

FIG. 47.

Si la ligne considérée est courbe, elle aura, au moins, un arc convexe, tel que AMB. Cet arc, compris dans *l'intérieur* du triangle ATB formé par la corde AB et par les tangentes AT, BT, sera *coupé* en un point M par une droite TC menée du sommet T à un point quelconque C de la base AB. Donc, contrairement à l'hypothèse, la tangente en M ne concourt pas en T.

143. THÉORÈME. *Toute surface réglée, qui admet une directrice rectiligne, est gauche.*

Admettons, pour un instant, que sur une surface développable S, ayant la courbe à double courbure ABC... pour arête de rebroussement, on puisse appliquer une

---

(*) M. de Saint-Venant a proposé, pour ces droites, la dénomination de *bi-normales* à l'arête de rebroussement.

droite MN, non tangente à cette courbe. Projetons toute la figure sur un plan P, perpendiculaire à MN.

L'arête de rebrousssement se projette suivant une ligne *abc...* ayant pour tangentes les projections *aa'*, *bb'*, *cc'*,... des génératrices AA', BB', CC',... De plus, la droite MN se projette en un point *m*, par lequel viendront passer les tangentes *aa'*, *bb'*, *cc'*,... Donc, d'après le lemme précédent, *abc...* serait une ligne droite, et, contrairement à l'hypothèse, la courbe ABC serait plane.

144. Par le calcul, ou par la géométrie, on démontre que *l'hyperboloïde à une nappe* est une surface *doublement réglée*, ou admettant *deux systèmes* de génératrices rectilignes (*). Le *paraboloïde hyperbolique* jouit de la même propriété. D'après le théorème précédent, ces deux surfaces sont gauches. La même conclusion s'étend aux *conoïdes*, c'est-à-dire aux surfaces engendrées par une droite qui s'appuie sur une droite donnée, en restant parallèle à un *plan directeur* donné. A cause de cette dernière condition, les conoïdes peuvent être considérés comme appartenant aux *surfaces réglées, à plan directeur*. Ces dernières, quand elles ne sont pas cylindriques, sont nécessairement gauches, comme nous l'allons démontrer.

145. THÉORÈME. *Toute surface réglée, à plan directeur, est gauche.*

Supposons qu'une pareille surface soit développable. Si nous effectuons une projection sur un plan perpendiculaire au plan directeur, les génératrices se projetteront suivant des droites parallèles, tangentes à la projection de l'arête de rebroussement. Or, d'après le lemme démon-

---

(*) *Manuel des candidats à l'École polytechnique*, tome II, p. 60.

tré plus haut, il est impossible qu'une courbe plane ait toutes ses tangentes parallèles entre elles. Donc, etc.

146. *Remarque.* Cette démonstration suppose que l'arête de rebroussement n'est pas *transportée à l'infini*, ou, en d'autres termes, que la surface n'est pas cylindrique.

HÉLIÇOÏDE DÉVELOPPABLE.

147. L'*héliçoïde développable* est le lieu des tangentes à une hélice. Il résulte, de cette définition et des propriétés de l'hélice (n°ˢ 93 et suivants), que *tout plan perpendiculaire aux génératrices du cylindre sur lequel l'hélice est tracée, coupe l'héliçoïde suivant une développante de la section faite par ce plan dans le cylindre.*

148. On a vu que, *dans l'hélice, la sous-tangente est égale à l'abscisse curviligne* (93). Conséquemment *l'hélice a même longueur que sa tangente.* La propriété précédente peut donc être énoncée ainsi :

Lorsqu'une droite roule sur une hélice, de manière à engendrer un héliçoïde développable, chacun de ses points décrit une développante de la section droite du cylindre sur lequel l'hélice est tracée.

149. Au lieu de supposer que la tangente roule sur l'hélice, on peut admettre qu'elle *glisse* le long de celle-ci, mais de manière que le point de contact, invariable sur la tangente, parcoure la courbe. Dans ce second mode de génération, la tangente passera par toutes les positions qu'elle occupait dans le premier ; et, comme elle est *indéfinie*, les deux surfaces engendrées seront identiques. Cela posé, si l'hélice est tracée sur un cylindre de révolution, *tout point de la génératrice décrit une hélice dont le pas est égal à celui de l'hélice primitive.*

Pour démontrer cette proposition, projetons l'hélice sur un plan perpendiculaire aux génératrices du cylindre. Partageons la circonférence O en un certain nombre de parties égales, par exemple, en sept. Menons les cordes AB, BC,..., : il est clair que ces droites sont les projections de cordes égales, ayant leurs extrémités sur l'hélice. Si nous prolongeons ces cordes de longueurs A*a*, B*b*, C*c*,... arbitraires, mais toutes égales entre elles, les points *a*, *b*, *c*,..., seront les projections de points situés sur les prolongements des côtés du polygone inscrit à l'hélice, et équidistants des sommets projetés en A, B, C,... Enfin, menons les droites *ab*, *bc*,... Il est facile de voir que ABC... étant, par hypothèse, un polygone régulier, il en est de même pour *abc*... On reconnaît, en outre, que le polygone dont *abc*... est la projection a ses côtés égaux entre eux et également inclinés sur le plan de projection; si donc l'on développait le prisme dont *abcd*..., est la base, le polygone dont il s'agit aurait une *transformée rectiligne.* Cette conclusion est indépendante du nombre des divisions de la circonférence ABC...; donc, etc.

FIG. 48.

150. *Remarque.* Si le polygone ABC... n'est pas, à la fois, *équiangle et équilatéral*, c'est-à-dire *si l'hélice directrice n'est pas tracée sur un cylindre de révolution*, le théorème ne subsiste plus, et *chacun des points de la génératrice décrit une courbe différente de l'hélice.* Cette proposition, comme le lecteur pourra s'en assurer, résulte de la démonstration précédente.

151. Après ce rapide examen de la surface qui nous occupe, nous pourrions faire voir comment on peut la

construire en *relief*, et comment on peut en effectuer le développement. Pour éviter un double emploi, nous traiterons ces deux questions dans le chapitre suivant.

HÉLIÇOÏDE GAUCHE.

152. On donne, en général, ce nom à toute *surface gauche à directrice héliçoïdale*. Mais on peut considérer plus particulièrement, à cause de leurs applications, les quatre héliçoïdes gauches suivants :

1° Prenons, pour directrices, une hélice tracée sur un cylindre de révolution, et l'axe de ce cylindre. Si une droite mobile s'appuie sur ces deux lignes, en faisant avec l'axe un angle constant, la surface ainsi engendrée est *l'héliçoïde de la vis à filet triangulaire*.

2° Conservons les mêmes directrices, et supposons que la droite mobile coupe l'axe à angle droit, ou, ce qui est équivalent, qu'elle reste parallèle à un *plan directeur*, perpendiculaire à cet axe. La surface est appelée *héliçoïde à plan directeur*, ou *héliçoïde de la vis à filet carré* (*).

3° Prenons encore pour directrice une hélice tracée sur un cylindre de révolution, et supposons qu'une droite mobile s'appuie sur cette courbe, en touchant la surface du cylindre, et en faisant avec l'axe un angle constant, différent de celui que fait, avec cet axe, la tangente à l'hélice. Le mouvement de la génératrice sera complétement déterminé. De plus, la surface n'a *aucun point*

(*) Si, conservant l'hélice donnée et le plan donné, on prenait pour directrice rectiligne une génératrice du cylindre, la surface serait encore l'héliçoïde de la vis à filet carré; ce qui est assez remarquable.

dans l'intérieur du cylindre. On peut donc la désigner sous le nom d'*héliçoïde à noyau plein.*

4° Admettant toujours que la génératrice rectiligne rencontre l'hélice en demeurant tangente au cylindre sur lequel cette courbe est tracée, supposons, comme cas particulier, que la génératrice fasse un angle droit avec l'axe; alors la surface engendrée sera un *héliçoïde à noyau plein, et à plan directeur.*

D'après les deux théorèmes généraux démontrés ci-dessus (143 et 145), les deux premiers héliçoïdes, et le quatrième, sont des surfaces gauches.

153. Une considération très-simple permet de reconnaître que l'*héliçoïde à noyau plein* appartient, pareillement, à cette catégorie. Projetons l'hélice et les génératrices sur un plan P, perpendiculaire à l'axe du cylindre. Nous obtiendrons, pour projection de la courbe, la circonférence C suivant laquelle le plan P coupe le cylindre, et, pour projections des génératrices, les tangentes à cette circonférence. Si la surface réglée dont il s'agit avait une arête de rebroussement, la projection de cette ligne serait l'enveloppe de toutes nos tangentes, c'est-à-dire la circonférence C. Par suite, les points de contact des génératrices avec l'arête de rebroussement se confondraient avec les points où les génératrices rencontrent l'hélice. En d'autres termes, si la surface était développable, son arête de rebroussement serait précisément l'hélice directrice. Cette conclusion est contraire à l'hypothèse; donc l'*héliçoïde à noyau plein est une surface gauche.*

154. En général, *si une droite se meut en coupant une courbe donnée, de manière que la projection de la génératrice, faite sur un certain plan, soit toujours tangente à*

la projection de la directrice, la surface engendrée est gauche.

HYPERBOLOÏDE DE RÉVOLUTION.

FIG. 49.

155. Supposons, comme dans le Problème VII, qu'une droite AB tourne autour d'un axe fixe OZ, non situé dans un même plan avec elle. Nous avons dit que *la surface gauche de révolution*, ainsi engendrée, est identique avec l'*hyperboloïde de révolution, à une nappe*, c'est-à-dire avec la surface qui serait décrite par une demi-hyperbole, tournant autour de son axe non transverse.

Pour démontrer cette identité, menons la commune perpendiculaire OC aux droites AB, OZ. Quand la génératrice AB tourne autour de OZ, le point C décrit un parallèle plus petit, évidemment, que les parallèles décrits par les autres points de AB. Pour cette raison, le cercle OCD est appelé *cercle de gorge* de la surface.

Soient ensuite ZOX un plan méridien quelconque et M le point où il est rencontré par la génératrice. Si nous abaissons la perpendiculaire MP sur OX, et que nous menions CP, cette dernière droite sera tangente en C au cercle de gorge : en effet, la droite AB étant perpendiculaire à OC, sa projection CP est pareillement perpendiculaire à OC. Ainsi, *les projections des génératrices, sur le plan du cercle de gorge, sont tangentes à ce cercle.*

Ces préliminaires étant entendus, faisons

$$OC = \delta, \quad MCP = \alpha, \quad OP = x, \quad MP = z.$$

Le triangle MPC, rectangle en P, donne $z = CP \, \mathrm{tg} \, \alpha$. D'ailleurs,

$$\overline{CP}^2 = x^2 - \delta^2 ;$$

donc l'équation du lieu des points M, ou de la section méridienne, est

$$z^2 - x^2 \operatorname{tg}^2\alpha = -\delta^2 \operatorname{tg}^2\alpha. \qquad (1)$$

Cette équation représente une hyperbole concentrique avec le cercle de gorge, dont les sommets réels sont les extrémités D, E d'un diamètre de ce cercle, et dont OZ est l'axe imaginaire.

156. L'équation (1) ne change pas quand α change de signe. Conséquemment, si l'on imagine une droite A'B', symétrique de AB relativement au plan du cercle de gorge, cette seconde génératrice A'B', tournant autour de OZ, reproduirait la surface engendrée par AB. Autrement dit : *l'hyperboloïde de révolution, à une nappe, admet deux systèmes de génératrices rectilignes. À chaque génératrice du premier système en correspond une du second, symétrique de la première par rapport au plan du cercle de gorge.*

157. L'hyperboloïde pouvant être engendré, indifféremment, par la droite AB ou par la droite A'B', il est clair que : *par tout point pris sur la surface, passent deux génératrices, l'une appartenant au premier système, l'autre appartenant au second.*

158. *Deux génératrices d'un même système ne sont pas dans un même plan.*

Soient AB, A'B' deux positions quelconques d'une même génératrice. En général, les tangentes CT, C'T, suivant lesquelles se projettent ces deux droites, se coupent en un point T. Si donc AB pouvait rencontrer A'B', ce ne pourrait être qu'en un point de la droite MTM', menée par le point T, perpendiculairement au plan du cercle de

Fig. 50.

gorge. Or, à l'inspection de la figure, on voit que cette perpendiculaire rencontre AB *au-dessus* du plan, et qu'elle rencontre A'B' *au-dessous* de ce même plan. Les deux génératrices sont donc dans des plans différents.

159. *Remarque.* Si les deux droites AB, A'B' avaient leurs projections parallèles, elles seraient *antiparallèles*.

160. *Deux génératrices de systèmes différents sont toujours dans un même plan.*

FIG. 50.

Soit AB une génératrice quelconque du premier système ; je dis qu'elle rencontre la génératrice EF, prise arbitrairement dans le second système.

Soient CT, C'T les tangentes au cercle de gorge, suivant lesquelles se projettent ces deux droites. Par le point T, élevons une perpendiculaire TR au plan de ce cercle : il s'agit de démontrer qu'elle rencontre, en un même point, les deux génératrices. Or, les deux triangles rectangles formés par cette perpendiculaire, par les deux génératrices et par leurs deux projections CT, C'T, sont égaux ; car les angles aigus C, C' sont égaux par hypothèse, et les tangentes CT, C'T, issues d'un même point T, sont égales entre elles. Les points où la perpendiculaire TR rencontre AB, EF sont donc confondus en un seul. C'est ce qu'il fallait démontrer.

161. *Remarque.* Si les deux droites AB, EF avaient leurs projections parallèles, elles seraient *parallèles; ces deux droites ne se couperaient* donc *pas ; mais elles seraient* encore *dans un même plan.*

162. On reconnaît, sans difficulté, que le mouvement d'une génératrice rectiligne est complétement déterminé, lorsque cette droite est assujettie à s'appuyer sur trois directrices données. Conséquemment, si nous prenons, sur l'hyperboloïde de révolution, trois droites A, A′, A″ d'un même système, et si nous faisons mouvoir une droite G, de manière qu'elle rencontre constamment ces trois directrices, nous engendrerons une surface qui ne différera pas de l'hyperboloïde. En effet, la génératrice G, dans ses diverses positions, coïncide avec les droites B, B′, B″, B‴,... du second système, attendu que chacune de celles-ci rencontre A, A′, A″. Ainsi l'*hyperboloïde de révolution, à une nappe, peut être engendré par une droite mobile, assujettie à s'appuyer sur trois droites fixes* (*).

163. La construction du plan tangent à l'hyperboloïde de révolution a fait voir que cette surface est gauche (69). Les théorèmes des numéros 143 et 154 conduisent à la même conclusion.

164. On a vu plus haut (157) que, par tout point de la surface, passent deux génératrices. Conséquemment (34) :

1° *Le plan tangent en un point de l'hyperboloïde de révolution est déterminé par les deux génératrices passant en ce point; 2° quand le point de contact se déplace sur une génératrice, le plan tangent tourne autour de celle-ci.* Ce dernier résultat était déjà connu (43 et 69).

165. Reportons-nous à la figure 49, et menons, par le *centre* O de l'hyperboloïde, une parallèle OH à la génératrice AB. La droite OH, en tournant autour de l'axe OZ, engendre un cône de révolution identique avec celui que décrirait l'asymptote de l'hyperbole méridienne MDM′. En effet, pour obtenir la section méridienne du premier

---

2ᵉ P. 6

cône, il suffit de supposer, dans l'équation (1), $\delta = 0$. On obtient ainsi

$$z^2 - x^2 \mathrm{tg}^2\alpha = 0,$$

c'est-à-dire l'équation même des deux asymptotes.

166. La droite OH ayant été prise parallèle à AB, il est clair que *chacune des génératrices du cône est parallèle à deux génératrices de l'hyperboloïde ; et réciproquement.*

De plus, d'après la remarque précédente, *la surface de l'hyperboloïde s'approche indéfiniment de celle du cône, sans jamais l'atteindre.* Pour cette raison, la dernière surface est dite *cône asymptotique de l'hyperboloïde.*

167. THÉORÈMES. I. *Les sections faites par un même plan, dans un hyperboloïde gauche de révolution et dans le cône asymptotique, sont deux courbes semblables et semblablement placées ;*

II. *Si ces sections sont des ellipses ou des hyperboles, elles sont concentriques.*

Nous admettons ces deux théorèmes, que l'on peut démontrer géométriquement ou par le calcul.

168. *Représentation graphique de l'hyperboloïde.* Prenons le plan horizontal perpendiculaire à l'axe de révolution, et supposons, pour introduire plus de symétrie dans l'épure, que la surface soit limitée à deux plans horizontaux, également distants du centre (o, o'). Les projections horizontales des deux parallèles ainsi déterminés se réduisent à une seule circonférence, décrite du point o comme centre. De plus, il est visible que les génératrices doivent se projeter horizontalement suivant des cordes égales. Si donc l'on divise la circonférence en un certain nombre n de parties égales, et que l'on construise les *deux*

projections verticales répondant à chaque point de division, il sera facile d'obtenir ensuite les projections de $2n$ génératrices de la surface. Cette construction est effectuée dans la figure 64.

169. *Remarques.* I. Dans cette figure, n égale 24; en sorte que les génératrices représentées sont au nombre de 48.

II. *À chaque projection horizontale correspondent deux projections verticales.* Par exemple, la corde (1, 8), projection horizontale de la génératrice qui joint le point 1 de la base *inférieure* au point 8 de la base *supérieure*, est, en même temps, la projection de la génératrice passant par le point 1 de la base *supérieure* et par le point 8 de la base *inférieure*.

III. De même, à *chaque projection verticale correspondent deux projections horizontales.*

IV. Les projections horizontales des génératrices sont (155) tangentes à la projections du cercle de gorge (non représentée sur la figure). C'est ce qu'on exprime en disant que les cordes égales (1, 8), (2, 9), (3, 10),... *enveloppent* la projection horizontale du cercle de gorge.

V. Si, par une génératrice quelconque, on fait passer un plan perpendiculaire au plan vertical de projection, il touche l'hyperboloïde au point où la génératrice perce le méridien principal (68). Par suite, l'*enveloppe des projections verticales des génératrices est égale à l'hyperbole méridienne.*

HYPERBOLOÏDE A UNE NAPPE.

170. *L'hyperboloïde est une surface gauche.* Il est facile de vérifier, soit par le calcul (*), soit en modifiant légèment la méthode employée dans le n° 155 (**), que *l'hyperboloïde à une nappe*, tel qu'il a été défini au commencement de ce volume (7), *est identique avec la surface engendrée par une droite assujettie à s'appuyer sur trois droites A, B, C, non parallèles à un même plan et telles, en outre, que deux quelconques d'entre elles ne soient pas dans un même plan.* Pour abréger, nous admettrons cette identité, d'où il résulte que l'*hyperboloïde est une surface gauche;* et nous nous contenterons de démontrer, géométriquement, quelques propriétés résultant de la seconde définition.

171. *Parallélipipède directeur.* Si, par chacune des trois directrices A, B, C, on fait passer deux plans, respectivement parallèles aux deux autres droites, ces six plans, évidemment parallèles deux à deux, déterminent un parallélipipède DEFGD'E'F'G', dont A, B, C sont trois arêtes, et que l'on peut, par abréviation, appeler *parallélipipède directeur de l'hyperboloïde.*

172. *Construction des génératrices.* Par l'arête A, menons un plan quelconque. Il coupe la face FG' suivant FH, qui rencontre B en un point M; et il coupe la face D'F'

FIG. 62.

FIG. 62.

(*) *Manuel des Candidats de l'École polytechnique*, t. II, p. 63.

(**) Par exemple, on peut regarder *l'hyperboloïde à une nappe* comme *un hyperboloïde de révolution dont toutes les cordes*, perpendiculaires à *un certain méridien, ont été multipliées par un nombre constant.* Cette simple remarque suffit pour établir la plupart des propriétés de la première surface.

suivant HN, égale et parallèle à ED. Conséquemment, la droite MN rencontre A en un point L : cette droite est donc une position de la génératrice.

173. *Remarque.* Les distances DL, EL, D'M, FM, E'N, G'N satisfont à diverses relations simples, parmi lesquelles nous distinguerons celle-ci :

$$EL \cdot E'N = EF \cdot FG. \qquad (1)$$

Pour la démontrer, il suffit d'observer que l'on a, d'une part,

$$\frac{D'H}{EF} = \frac{MH}{ME} = \frac{HN}{EL} \,;$$

et, d'un autre côté,

$$D'H = E'N, \quad HN = FG.$$

174. *Double génération de l'hyperboloïde.* Si l'on remplace les directrices A, B, C par les arêtes respectivement opposées, A', B', C', ces trois dernières droites, prises comme directrices, déterminent un nouvel hyperboloïde dont on obtient une génératrice quelconque, telle que L' M' N', au moyen de la construction précédente. Quant à la relation (1), elle devient

$$E'L \cdot EN' = EF \cdot FG. \qquad (2)$$

Par suite

$$EL \cdot E'N = E'L' \cdot EN',$$

ou

$$\frac{EL}{E'L'} = \frac{EN'}{E'N}. \qquad (3)$$

D'après cette proportion, et à cause de l'égalité des angles FED, F'E'D', les deux triangles LEN', L'E'N sont semblables ; donc les droites LN', L'N, situées dans deux faces opposées du parallélipipède, sont parallèles; et *les deux génératrices LMN, L'M'N' sont dans un même plan;* en sorte que *le second hyperboloïde coïncide avec le premier.* Nous pouvons donc énoncer les propositions suivantes, qui ne diffèrent pas de celles que nous avons démontrées relativement à l'hyperboloïde de révolution :

175. THÉORÈMES. I. *L'hyperboloïde à une nappe admet deux systèmes de génératrices rectilignes;*

II. *Par tout point de la surface passent deux génératrices;*

III. *Deux génératrices d'un même système ne sont pas dans un même plan;*

IV. *Deux génératrices de systèmes différents sont toujours dans un même plan;*

V. *Le plan tangent en un point de l'hyperboloïde est déterminé par les deux génératrices passant en ce point;*
Etc.

Fig. 63.

176. PROBLÈME. *Reconnaître si un hyperboloïde à une nappe est de révolution.* Supposons qu'avec les directrices données (A), (B), (C), on construise le parallélipipède directeur (171). Si l'hyperboloïde est de révolution, les droites PP', QQ', RR', menées par le centre O, perpendiculairement aux arêtes (A), (B), (C), sont des diamètres du cercle de gorge (155); c'est-à-dire que *ces droites sont:* 1° *situées dans un même plan passant par le centre O;* 2° *égales entre elles.* De plus, en admettant toujours la même hypothèse, *la droite menée par le centre O, perpendiculairement au plan des trois perpendiculaires, est l'axe de rotation;* donc 3° chacune des droite OP, OQ, OR *est la plus courte distance entre cet axe et l'arête correspon-*

dante. Il est manifeste que l'hyperboloïde *non de révolution* (*) ne jouit pas de ces trois propriétés. Elles constituent donc un critérium qui, dans chaque cas particulier, permet de résoudre simplement la question (**).

PARABOLOÏDE HYPERBOLIQUE.

177. *Le paraboloïde est une surface gauche.* En procédant comme nous l'avons fait pour l'hyperboloïde, nous admettrons *que le paraboloïde hyperbolique,* défini au n° 13, *est identique avec la surface engendrée par une droite assujettie à s'appuyer sur deux droites* A, A', *non situées dans un même plan, en restant parallèle à un plan directeur* P. Conséquemment, *le paraboloïde hyperbolique est une surface gauche* (145).

178. *Divers modes de génération de la surface.* En partant de la définition précédente, et en admettant les pro-

---

(*) J'emploie ce barbarisme pour éviter une périphrase.

(**) Si l'on représente par $2a$, $2b$, $2c$ les longueurs des arêtes directrices, et par α, β, γ leurs inclinaisons mutuelles, on trouve, en exprimant la première condition :

$$bc(b\cos\gamma - c\cos\beta)\sin^2\alpha$$
$$+ ca(c\cos\alpha - a\cos\gamma)\sin^2\beta$$
$$+ ab(a\cos\beta - b\cos\alpha)\sin^2\gamma = 0; \qquad (A)$$

et, en exprimant la seconde :

$$\delta^2 = a^2\sin^2\beta + b^2\sin^2\alpha + 2ab(\cos\alpha\cos\beta - \cos\gamma),$$
$$\delta^2 = b^2\sin^2\gamma + c^2\sin^2\beta + 2bc(\cos\beta\cos\gamma - \cos\alpha), \qquad (B)$$
$$\delta^2 = c^2\sin^2\alpha + a^2\sin^2\gamma + 2ca(\cos\gamma\cos\alpha - \cos\beta);$$

δ étant le rayon du cercle de gorge.

Dans le cas du cube, les relations (A), (B) sont vérifiées, donc *six arêtes d'un cube appartiennent toujours à un hyperboloïde de révolution.* On peut ajouter que : *les milieux de trois arêtes d'un parallélipipède quelconque, et le centre du parallélipipède, sont toujours dans un même plan.*

priétés les plus simples du *quadrilatère gauche* (*), on conclut immédiatement les propositions suivantes :

1° *Le paraboloïde hyperbolique admet deux systèmes de génératrices rectilignes;*

2° *Les génératrices d'un même système sont parallèles à un même plan* (**);

3° *Deux génératrices d'un même système ne sont pas dans un même plan;*

4° *Deux génératrices de systèmes différents sont toujours dans un même plan;*

5° *Par tout point de la surface passent deux génératrices;*

6° *Le paraboloïde hyperbolique peut être engendré par une droite qui s'appuierait sur trois génératrices d'un même système, prises comme directrices.*

Etc.

179. *Représentation graphique du paraboloïde.* Si l'on prend le plan horizontal perpendiculaire aux deux plans directeurs, la projection horizontale du quadrilatère gauche ABBD qui détermine le paraboloïde (177) se réduit à un parallélogramme *abcd*. La projection verticale est un quadrilatère quelconque $a'b'c'd'$. De ces données, on con-

---

(*) I. *Tout plan, parallèle à deux côtés opposés d'un quadrilatère gauche, partage proportionnellement les deux autres côtés.*

II. *Si une première droite partage proportionnellement deux côtés opposés d'un quadrilatère gauche, et si une seconde droite partage proportionnellement les deux autres côtés du quadrilatère, ces deux droites sont dans un même plan.*

Pour la démonstration de ces deux théorèmes, qui renferment, pour ainsi dire, toute la théorie du paraboloïde hyperbolique, le lecteur pourra consulter l'ouvrage intitulé : *Théorèmes et Problèmes de Géométrie élémentaire,* quatrième édition.

(**) Relativement aux génératrices du premier système, cette propriété a été prise comme définition (177).

clut immédiatement les projections horizontales et verticales d'un certain nombre de génératrices, telles qu'elles sont représentées dans la figure 65 (*).

EXERCICES.

I. *Représenter la surface engendrée par une droite de longueur donnée, glissant sur deux directrices rectilignes, non situées dans un même plan.*

II. *Représenter la surface engendrée par une droite de longueur donnée, glissant sur une droite et sur une circonférence données* (**).

III. *Une droite, parallèle à un plan donné, s'appuie sur une circonférence et sur une droite données. Représenter le conoïde ainsi engendré.*

IV. *Représenter la surface engendrée par une droite horizontale, s'appuyant sur deux cônes de révolution dont les axes sont verticaux. Dans quel cas cette surface est-elle un conoïde?*

V. *Une droite, tangente à une sphère donnée, rencontre constamment deux droites rectangulaires données, non situées dans un même plan. Représenter la surface engendrée par la droite mobile. Examiner ce que devient cette surface : 1° lorsque l'une des deux directrices passe par le centre de la sphère; 2° lorsque le centre de la sphère est au milieu de la plus courte distance des directrices; 3° lorsque la sphère touche celles-ci; etc.*

(*) On voit que le paraboloïde hyperbolique, limité au quadrilatère ABCD, ressemble assez exactement à *un mouchoir à carreaux, suspendu par deux coins opposés.*

(**) En modifiant encore la nature ou la position des directrices, on obtient d'autres surfaces intéressantes.

CHAPITRE VII.

Sections planes des surfaces réglées.

Dans le chapitre suivant, nous considérerons les cas principaux de la section plane d'un hyperboloïde de révolution. Dans celui-ci, nous choisirons, comme exemples, les sections faites dans l'héliçoïde développable ou dans l'héliçoïde de la vis à filet triangulaire, par des plans tangents à ces surfaces.

PROBLÈME XIV.

1° Représenter graphiquement l'héliçoïde développable ; 2° construire un plan tangent à cette surface ; 3° déterminer la section faite par le plan ; 4° développer l'héliçoïde ; 5° construire la transformée de la section.

Fig. 54.

180. *Représentation graphique de l'hélicoïde.* Nous supposerons la surface terminée à deux plans horizontaux xy, $x'y'$, perpendiculaires à l'axe $(o, o'z')$ du cylindre sur lequel est tracée l'hélice directrice. La distance de ces deux plans sera, pour plus de simplicité, égale au *pas* de l'hélice. De plus, nous limiterons la courbe aux deux plans ; de sorte qu'elle se composera d'une seule *spire*.

Cela posé, si $a\delta\theta\lambda$ est la trace horizontale du cylindre, et que a soit l'*origine* de l'hélice, la trace horizontale de l'héliçoïde sera la développante $abcd...qr$ du cercle $o(9\hbar)$. Pour construire cette développante, on divise la circonférence en un certain nombre de parties égales, à partir de l'origine a; on mène des tangentes aux points de division; puis on porte sur ces droites les longueurs βb, γc, δd, ...ar, respectivement égales aux arcs $a\beta$, $a\gamma$, $a\delta$, ...$a\theta a$, rectifiés. Les points b, c, d, ...r, ainsi déterminés, appartiennent à la développante (*).

181. Dans l'hélice, la sous-tangente est égale à l'abscisse curviligne (93). Par conséquent, la tangente au point (a, r), extrémité de la spire, est projetée suivant la droite ar, égale à la circonférence o rectifiée. Par conséquent aussi, pour obtenir les projections horizontales des points où les diverses génératrices percent le plan supérieur $x'y'$, il nous suffit de porter la longueur ar sur les projections de ces génératrices, à partir des points a, b, c, d_1,... Nous obtiendrons ainsi de nouveaux points a_1, b_1, c_1, ..., lesquels, évidemment, appartiennent à une seconde développante $a_1 b_1 c_1 ... q_1 a$ du cercle o. Les traces de l'hélicoïde, sur les deux plans horizontaux qui le limitent, sont donc une développante de la base inférieure du cylindre, et une développante de sa base supérieure; ces deux courbes étant, d'ailleurs, dirigées en sens contraires.

182. Si l'hélice donnée, au lieu d'être terminée aux

(*) Pour déterminer rigoureusement les points b, c, d,..., on prend la tangente ar égale aux $\dfrac{22}{7}$ du diamètre $o\theta$; on la divise en autant de parties égales qu'il y a de divisions dans la circonférence; puis on prend, sur les tangentes, $\beta b = a1$, $\gamma c = a2$, $\delta d = a3$, etc.

Ajoutons que, pour avoir les points de division β, γ, δ,..., et les tangentes en ces points, on décrit, du point o comme centre, une circonférence beaucoup plus grande que $a\theta\lambda$; on partage cette grande circonférence en parties égales; on mène les rayons aux points de division, etc.

En général, quand on construit une épure, on doit, *par toutes sortes de procédés*, rechercher l'exactitude dans la détermination des droites et des points.

deux plans $x'y'$, xy, était prolongée au-dessous de xy, les tangentes à la spire qui suivrait celle que nous conservons viendraient percer le plan horizontal xy en des points situés sur la développante $a_1q_1p_1...b_1a_1$. En effet, la nouvelle spire serait, à l'égard du plan xy, ce que la première est par rapport au plan $x'y'$.

De même, si celle-ci était continuée au-dessus de ce dernier plan, les tangentes à la nouvelle spire détermineraient, par leurs intersections avec $x'y'$, une développante projetée, en vraie grandeur, suivant $abc...qr$.

Si donc l'héliçoïde, au lieu d'être limité comme nous l'avons supposé, était indéfini, ses traces sur chacun des deux plans horizontaux xy, $x'y'$, se composeraient du système des deux développantes telles que $abc...qr$ et $aq_1p_1...a_1$.

183. Nous pouvons remarquer maintenant qu'*une hélice, tracée sur un cylindre de révolution, est partout identique avec elle-même* (*). La conclusion à laquelle nous venons de parvenir, relativement aux sections faites dans l'héliçoïde par les plans horizontaux xy, $x'y'$, subsiste donc pour tout plan horizontal. Ainsi :

1° *La section faite dans l'héliçoïde développable, par un plan quelconque, perpendiculaire à l'axe du cylindre sur lequel l'hélice directrice est tracée, se compose de deux développantes de la section circulaire faite dans le cylindre par ce même plan ; 2° l'origine commune des deux développantes est située sur l'hélice ; 3° cette origine est, par rapport au système des deux développantes, un point de rebroussement* (**).

(*) Cette propriété appartient aussi à la ligne droite.

(**) On sait que *la développante coupe, orthogonalement, les tangentes*

184. Il est maintenant bien facile de se représenter la forme de l'hélicoïde développable.

Supposons, en effet, que la courbe $a_1b_1...qab...qr$, toujours située dans un plan perpendiculaire à l'axe du cylindre, tourne autour de cet axe, de manière que le point de rebroussement a parcoure l'hélice directrice. D'après les explications précédentes, la surface ainsi engendrée sera un hélicoïde développable. Cette surface est composée de deux nappes, respectivement engendrées par les deux développantes : en se réunissant, elles forment une sorte de *lame tranchante*, ayant pour *arête* l'hélice directrice. Cette dernière courbe, étant le lieu décrit par le point de rebroussement de la génératrice, est donc une *arête de rebroussement* (136).

185. Nous pouvons ajouter, pour rendre encore plus évidente la forme de l'hélicoïde développable, que, d'après le dernier mode de génération, ce corps est une véritable *vis*, ayant, pour section perpendiculaire à l'axe, le système des deux développantes $a_1b_1...q_1ab...r$ (*).

186. Revenons à la représentation graphique de l'hélicoïde. Les points de la trace inférieure se projettent en r', b', c',...q', sur la ligne de terre. De même, les points appartenant à la trace supérieure de l'hélicoïde ont pour projections verticales les points a'_1, b'_1, c'_1,...q'_1, situés sur $x'y'$. Par conséquent, en menant des droites par les

---

à la développée. Donc les tangentes en a, aux deux développantes, sont confondues suivant le prolongement du rayon oa; c'est-à-dire que, par rapport au système de ces deux courbes, a est un point de rebroussement.

(*) Le *filet de la vis* serait la section faite par un plan $o\theta\xi$, passant par l'axe.

points correspondants r et a', b' et b'_1,... q' et q'_1, nous obtiendrons les projections verticales des génératrices. Quant aux projections verticales β', γ', δ',... des points où ces génératrices touchent l'hélice, elles sont données par les projections horizontales β, γ, δ... des mêmes points. La *sinusoïde* $r'\beta'\gamma'\delta'...a'_1$ est la projection verticale de cette hélice (*).

187. Afin d'abréger, nous n'expliquerons pas ce qui est relatif aux parties visibles ou invisibles. Avec un peu d'attention, le lecteur qui aura notre épure sous les yeux comprendra pourquoi certaines lignes ou parties de lignes sont *en plein*, tandis que le reste est *en ponctué*.

188. Pour construire le *modèle en relief*, on pourra prendre deux feuilles de carton, assujetties par des montants verticaux, de manière à tenir lieu, approximativement, des plans horizontaux xy, $x'y'$. Après avoir évidé

(*) Rapportons l'hélice aux trois axes $o\xi$, $o\delta$, $(o, o'z')$. Désignons par R le rayon du cylindre, et par s l'arc $a\delta\epsilon$, répondant à un point quelconque (ϵ, ϵ'), dont les coordonnées sont x, y, z. Nous aurons

$$x = -\,\mathrm{R}\cos\frac{s}{\mathrm{R}}, \qquad y = \mathrm{R}\sin\frac{s}{\mathrm{R}}.$$

Mais

$$\frac{z}{s} = \frac{z}{\epsilon\epsilon} = \operatorname{tg} d'_1 d'l' = \frac{h}{2\pi\mathrm{R}},$$

h étant le pas de l'hélice. Remplaçant $\frac{s}{\mathrm{R}}$ par $2\pi\frac{z}{h}$, nous trouvons les équations :

$$x = -\,\mathrm{R}\cos 2\pi\frac{z}{h}, \qquad y = \mathrm{R}\sin 2\pi\frac{z}{h}.$$

Chacune des projections de l'hélice est donc une *variété* de la sinusoïde.

ces deux feuilles, suivant deux cercles égaux à $a\delta\theta\lambda$, et ayant un axe commun $(o, o'o'_1)$, on tracera, sur le carton inférieur, la développante $abc...r$, et, sur le second carton, l'autre développante, en ayant soin de placer dans une même verticale les origines de ces deux courbes. Réunissant ensuite, par des fils tendus, les points correspondants, on aura une représentation assez fidèle de l'hélicoïde développable, surtout si les points a, b, c,...r sont suffisamment rapprochés. Ajoutons que, s'il en est ainsi, les génératrices représentées par les fils n'étant plus des droites mathématiques, elles pourront se couper deux à deux, et qu'alors l'arête de rebroussement résultera des *intersections successives* de ces droites.

189. *Plan tangent suivant une génératrice.* Proposons-nous de construire le plan tangent à l'hélicoïde, le long de la génératrice $(ll_1, l'l'_1)$. Ce plan doit avoir, pour trace horizontale, la tangente en (l, l') à la développante $abc...r$, puisque cette courbe est la trace horizontale de la surface.

Or, cette tangente est perpendiculaire à ll_1 (183, seconde Note); donc le plan tangent est déterminé.

Si, comme nous l'avons supposé sur l'épure, la génératrice de contact est parallèle au plan vertical, le plan tangent $ll'l'_1$ sera perpendiculaire à ce dernier plan, et il aura pour trace verticale la projection $l'l'_1$ de la génératrice.

190. *Section de l'hélicoïde par le plan tangent.* Pour avoir des points de cette courbe, il suffit de chercher ceux où le plan $ll'l'_1$ est rencontré par les génératrices projetées suivant aa_1, bb_1, cc_1,... Les projections verticales de ces points sont, évidemment, situées sur $l'l'_1$; en sorte que l'on obtiendra, sans aucune difficulté, leurs pro-

FIG. 54.

jections horizontales a_2, b_2, c_2,.... (*), lesquelles donneront la courbe $a_2b_2c_2...\lambda...r_2$, projection horizontale de la
section.

191. Il ne serait ni difficile ni intéressant de construire,
soit le rabattement de la section, soit la tangente à cette
ligne. Relativement au point (λ, λ'), la méthode générale
serait en défaut, car le plan tangent à la surface en ce
point se confond avec le plan de la courbe. Mais nous savons que celle-ci touche, au point dont il s'agit, l'arête
de rebroussement (45) (**).

(*) Observons, cependant, que le procédé général ne s'appliquerait pas
aux points a_2, g_2, r_2, situés sur les droites aa_1, gg_1, ar, perpendiculaires
à la ligne de terre. Mais il est facile de voir que la projection verticale
g'_2 partage $g'g'_1$ en deux segments $g'_2g'_1$, $g'g'_2$, proportionnels à gg_2, g_2g_1.
On pourra donc construire rigoureusement le point g_2. De même pour a_2
et r_2.

(**) Tous les résultats auxquels nous venons de parvenir peuvent être
vérifiés par le calcul.

Soient, comme ci-dessus, les équations de l'hélice :

$$x = - \text{R} \cos 2\pi \frac{z}{h}, \quad y = \text{R} \sin 2\pi \frac{z}{h}.$$

La tangente en un point de cette courbe est représentée par

$$x + \text{R} \cos 2\pi \frac{\gamma}{h} = \frac{2\pi\text{R}}{h} (z - \gamma) \sin 2\pi \frac{\gamma}{h},$$

$$y - \text{R} \sin 2\pi \frac{\gamma}{h} = \frac{2\pi\text{R}}{h} (z - \gamma) \cos 2\pi \frac{\gamma}{h};$$

γ étant l'ordonnée du point de contact.

Pour simplifier, posons $\dfrac{h}{2\pi\text{R}} = m$: ce rapport est égal à la tangente tri-
gonométrique de l'angle que fait, avec le plan horizontal, la tangente à
l'hélice. Nous aurons ainsi, au lieu des équations précédentes :

$$x + \text{R} \cos \frac{\gamma}{\text{R}m} = \frac{1}{m} (z - \gamma) \sin \frac{\gamma}{\text{R}m}, \qquad 1)$$

$$y - \text{R} \sin \frac{\gamma}{\text{R}m} = \frac{1}{m} (z - \gamma) \cos \frac{\gamma}{\text{R}m}. \qquad (2)$$

192. *Développement de l'hélicoïde.* Du théorème démontré dans le n° 137, et de la remarque faite ci-dessus (183), on conclut que, dans le développement de l'héli-

---

Il ne reste plus, pour avoir l'équation de l'hélicoïde, qu'à éliminer γ entre les relations (1) et (2). Elles donnent, par des combinaisons simples,

$$x \cos \frac{\gamma}{\mathrm{R}m} - y \sin \frac{\gamma}{\mathrm{R}m} + \mathrm{R} = o, \quad (3) \qquad x^2 + y^2 - \mathrm{R}^2 = \left(\frac{z-\gamma}{m}\right)^2. \quad (4)$$

Alors, si l'on prend, dans l'équation (4), la valeur de γ, pour la substituer dans l'équation (3), on obtient

$$x \cos\left(\frac{z}{\mathrm{R}m} \mp \frac{1}{\mathrm{R}} \sqrt{x^2+y^2-\mathrm{R}^2}\right) - y \sin\left(\frac{z}{\mathrm{R}m} \mp \frac{1}{\mathrm{R}} \sqrt{x^2+y^2-\mathrm{R}^2}\right) + \mathrm{R} = o. \quad (5)$$

Telle est l'équation de l'hélicoïde développable. On la simplifierait beaucoup en remplaçant x et y par des coordonnées polaires.

En faisant $z = o$, on trouve

$$x \cos \frac{1}{\mathrm{R}} \sqrt{x^2+y^2-\mathrm{R}^2} \pm y \sin \frac{1}{\mathrm{R}} \sqrt{x^2+y^2-\mathrm{R}^2} + \mathrm{R} = o, \quad (6)$$

équation qui représente les deux développantes situées dans le plan horizontal.

L'ordonnée verticale du point (λ, λ') est $\frac{3}{4} h$; donc, par ce qui précède, l'équation du plan tangent en ce point est

$$z - \frac{3}{4} h = - mx;$$

ou

$$z = m \left(\frac{3}{2} \pi\mathrm{R} - x\right).$$

En substituant cette valeur dans l'équation (5), on obtient, après quelques réductions,

$$- x \sin \frac{x \pm \sqrt{x^2+y^2-\mathrm{R}^2}}{\mathrm{R}} + y \cos \frac{x \pm \sqrt{x^2+y^2-\mathrm{R}^2}}{\mathrm{R}} + \mathrm{R} = o. \quad (7)$$

Cette équation, qui est vérifiée par $y = - \mathrm{R}$, représente donc la droite ll_1 et la courbe $a_2 b_2 \ldots \lambda \ldots r_2$.

2ᵉ P.   7

çoïde, l'hélice directrice se transforme en une circonférence égale à celle de son *cercle osculateur*. Cherchons donc, d'abord, le rayon de ce cercle.

FIG. 52.

Pour cela, soient, sur une hélice, trois points M, P, N, équidistants, P étant le point moyen. Faisons passer le plan horizontal de projection par le point M, et prenons le plan vertical, perpendiculaire à celui qui passerait par le point P et par l'axe du cylindre. Les cordes PM, PN seront projetées, horizontalement, suivant deux cordes égales de la section droite o, et, verticalement, suivant une seule droite $m'p'n'$.

Cela posé, si l'on considère la circonférence passant par M, N, P, on voit qu'elle a $m'n'p'$ pour projection verticale, et que son diamètre projeté en p' est l'hypoténuse d'un triangle ayant PN pour côté de l'angle droit, et ip pour segment adjacent. Si donc D est ce diamètre, on a

$$D = \frac{\overline{PN}^2}{pi}.$$

D'ailleurs le triangle rectangle pnc donne, semblablement,

$$cp = \frac{\overline{pn}^2}{pi}.$$

Divisant membre à membre, et représentant par β l'angle de PN avec le plan horizontal, on trouve

$$\frac{D}{2R} = \frac{1}{\cos^2\beta}.$$

Lorsque le point N s'approche indéfiniment de P, β tend à devenir égal à l'angle α que fait, avec le plan horizontal, la tangente à l'hélice. En même temps, le diamètre D dif-

frée, de moins en moins, du diamètre 2ρ du cercle osculateur o; la formule cherchée est donc

$$\rho = \frac{R}{\cos^2\alpha}.$$

193. Pour construire cette valeur, prenons, sur la ligne   Fig. 51.
de terre, $l's = ao = R$; élevons st perpendiculaire à xy;
puis, par le point t, menons tu perpendiculaire à $t'l$: $l'u$
sera égal au rayon ρ. En effet, l'angle $d'l'l'$ est égal à α;
donc

$$tl' = \frac{R}{\cos\alpha}, \quad l'u = \frac{R}{\cos^2\alpha}.$$

194. Avec le rayon ρ, égal à $l'u$, décrivons une circonférence AO (fig. 53), sur laquelle nous prendrons, à partir
du point A, un arc $A\delta_1\theta_1\lambda_1A_o$ égal, en longueur, à la génératrice $d'd'_1$ (*) : cet arc sera, dans le développement

---

(*) On aura cet arc avec une grande approximation, si l'on calcule
l'angle qui y correspond. Or, φ étant la *mesure* de cet angle (voyez la
Note de la page 57), on a $\rho.\varphi = d'd_1$, ou

$$\rho.\varphi = 2\pi R . \frac{1}{\cos\alpha}.$$

A cause de

$$\rho = \frac{R}{\cos^2\alpha},$$

cette équation se réduit à

$$\varphi = 2\pi . \cos\alpha;$$

d'où, en représentant par n le nombre de degrés de l'angle cherché,

$$n = 360 . \cos\alpha.$$

Le cosinus de l'angle α est égal à $\dfrac{dd_1}{d'd'_1}$; donc

$$n = 360 . \frac{d'd_1}{d'd''_1}.$$

Dans notre épure, $dd_1 = 88^{mm}$, $d'd'_1 = 105^{mm}$; en sorte que l'angle
AOA_2 égale, à fort peu près, $302°$.

de la surface, la transformée de l'hélice directrice. En le divisant en autant de parties égales que l'indique le nombre des divisions de la circonférence ao, et en menant des tangentes par les points de division $\beta_1, \gamma_1, \delta_1, \ldots$, nous aurons les transformées des génératrices de l'héliçoïde.

Pour obtenir la transformée de la développante $a_1 b_1 \ldots q_1 a$ située sur le plan supérieur $x'y'$, prenons, sur la tangente en A, la distance AA_1 égale à $d'd'_1$; divisons AA_1, comme l'arc AA_0, en douze parties égales ; puis enfin, sur les tangentes en $\beta_1, \gamma_1, \delta_1, \ldots$, prenons les distances $\beta_1 B_1$, $\gamma_1 C_1$, $\delta_1 D_1, \ldots$, respectivement égales à $1A_1$, $2A_1$, $3A_1, \ldots$ La *développante* $A_1 B_1 C_1 \ldots Q_1 A_0$ du cercle O sera la transformée cherchée. En même temps, la partie de plan $AA_1 B_1 \ldots Q_1 A_0 \chi_1 \pi_1 \ldots \beta_1 A$ sera le développement de la nappe supérieure de l'héliçoïde.

195. Si, à partir des points $B_1, \ldots, Q_1, A_0$, on porte, sur les tangentes, les distances $B_1 B, C_1 C \ldots, Q_1 Q, A_0 R$, égales à $A_1 A$, la développante passant par A, B, C..., Q, R, sera, semblablement, la transformée de la trace horizontale $abc \ldots qr$, etc.

196. *Transformée de la section.* Nous avons obtenu, pour projection horizontale de la courbe d'intersection de l'héliçoïde par son plan tangent $l_1 l'l$, la ligne $a_2 b_2 \ldots \lambda \ldots r_2$. Si nous considérons les parties de génératrices projetées suivant $a_1 a_2$, $b_1 b_2, \ldots$, il est clair qu'elles sont proportionnelles à ces projections, attendu que les génératrices sont également inclinées sur le plan horizontal. Par suite, nous déterminerons les vraies longueurs $A_1 A_2$, $B_1 B_2$, $C_1 C_2, \ldots$ de ces segments de génératrices, en cherchant les hypoténuses d'une série de triangles rectangles ayant un angle égal à $l'_1 l'x$, et dans lesquels les côtés adjacents à cet

angle seraient égaux, respectivement, à $a_1 a_2$, $b_1 b_2$... Nous avons, dans l'épure, supprimé cette construction auxiliaire, laquelle donne $A_2 B_2 ... \lambda_1 ... R_2$ pour la transformée cherchée.

PROBLÈME XV.

1° Représenter graphiquement l'héliçoïde de la vis à filet triangulaire ; 2° construire le plan tangent à cette surface, en un point ; 3° déterminer la section faite par le plan.

197. *Représentation graphique de l'héliçoïde.* Après FIG. 54. avoir divisé en parties égales la circonférence ao, projection horizontale de l'hélice directrice, partageons, dans le même nombre de parties égales, le pas $o'o''$ de cette courbe ; puis, par les points de division, menons des parallèles à la ligne de terre xy, et arrêtons-les aux perpendiculaires à cette ligne, menées par les points de division β, γ, δ... : nous obtiendrons ainsi la sinusoïde (*) $a'\beta'\gamma'\delta'...a'$, projection verticale de l'hélice.

Cela posé, la génératrice rectiligne de l'héliçoïde, assujettie à s'appuyer sur l'hélice dont nous venons de construire les projections, doit couper, sous un angle constant, l'axe $(o, o'o'')$ du cylindre ao (152). D'après cette condition, on se représentera très-exactement la surface, si l'on imagine une *équerre* BAC, dont le côté BA de l'angle droit coïncide avec l'axe, et dont l'autre côté AC de l'angle droit, égal au rayon du cylindre, tourne autour de l'axe, de manière que le sommet C parcoure l'hélice. Dans ce mouvement, l'hypoténuse BC de l'équerre engendre la partie de surface hélicoïdale comprise entre les deux

---

(*) On a déjà vu que $a'\beta'\gamma'\delta...a'$ n'est pas une sinusoïde proprement dite, mais seulement une variété de cette courbe.

directrices; et, si cette hypoténuse est indéfiniment prolongée, elle engendre tout l'hélicoïde.

198. La même considération démontre que *deux points quelconques, pris* sur l'hypoténuse de l'équerre, c'est-à-dire *sur la génératrice, s'élèvent, à la fois, de quantités égales.* En particulier, *la différence de niveau entre les points* B, C *est constante.* Enfin, comme les arcs parcourus, dans le même temps, par les projections horizontales de deux points quelconques de la génératrice, sont semblables, ces deux points décrivent, dans l'espace, deux hélices de même pas. En d'autres termes : *quand la génératrice rectiligne engendre l'hélicoïde, tout point de cette droite décrit une hélice dont le pas est égal à celui de l'hélice donnée* (*).

199. Pour construire les projections verticales des génératrices passant par les points de division choisis sur l'hélice, nous devrons porter sur $o'o''$, à partir des points de division de cette droite, une longueur constante, égale au côté BA de l'équerre, et joindre ensuite les points a_1, b_1, c_1,..., r_1 ainsi obtenus, avec les points α', β', γ',..., α'.

200. La trace horizontale de l'hélicoïde est la courbe $abc...r$, lieu des traces horizontales des génératrices. Il est facile de voir que cette courbe est une *spirale d'Archimède.* En effet, les différents *rayons vecteurs* oa, ob, oc,... sont, évidemment, proportionnels aux distances verticales $o'a_1$, $o'b_1$, $o'c_1$... Or, celles-ci forment une progression par différence; donc il en est de même des rayons.

Fig. 54.

(*) Si la démonstration de cette dernière proposition ne paraissait pas suffisamment claire, on la compléterait au moyen du lemme suivant : *une courbe est une hélice si, à des accroissements égaux de l'abscisse curviligne, correspondent des accroissements égaux de l'ordonnée.*

Et comme les angles *aob*, *boc*... sont égaux, il s'ensuit que la courbe *abc*...*r* est telle, qu'à des accroissements égaux de l'amplitude, correspondent des accroissements égaux du rayon vecteur. C'est ce qu'il fallait démontrer.

201. *Construction du plan tangent.* Pour plus de simplicité, proposons-nous de mener le plan tangent en un point (x, x') pris sur l'hélice directrice. Ce plan doit contenir la génératrice $(ok, k_1 k')$, et la tangente à l'hélice au point (x, x'). Pour déterminer cette dernière droite, rappelons-nous que la sous-tangente xl est égale à l'abscisse curviligne $\alpha\beta...x$. La trace horizontale t étant ainsi construite, le plan tangent *tksv* sera connu, puisque sa trace horizontale est *tk*, et qu'il passe par le point (o, k_1).

202. Si le point de contact, au lieu d'être situé sur l'hélice directrice, était quelconque, on remplacerait cette dernière courbe par l'hélice passant au point donné.

303. *Section de la surface par son plan tangent.* On obtiendra les deux projections de cette courbe d'intersection, en construisant les points où les génératrices $(b\beta, b'\beta')$, $(c\gamma, c'\gamma')$,... percent le plan *vst*. Cette recherche ne présentant aucune difficulté, nous ne l'avons pas effectuée sur l'épure ; mais nous engageons le lecteur à se proposer cet exercice graphique. Il reconnaîtra que *la courbe* dont il s'agit *a des asymptotes*, et que *la méthode générale des tangentes* (77) *n'est pas applicable au point* (x, x') (*).

(*) Pour obtenir la tangente en ce point particulier, il faudrait, préalablement, remplacer l'hélicoïde par un *paraboloïde de raccordement*. Pour la théorie des surfaces de raccordement, théorie que nous avons dû passer sous silence, le lecteur peut consulter la *Géométrie descriptive* de Leroy.

EXERCICES.

I, II, III, IV, V. *Construire les sections planes des surfaces définies à la fin du Chapitre VI (p. 89).*

VI. *Une droite, de longueur donnée, s'appuie, par ses deux extrémités, sur une droite fixe et sur un plan fixe, en restant parallèle à un plan donné. Construire les sections planes de la surface ainsi engendrée. Comment doit-on prendre le plan sécant pour que la courbe soit une ellipse ?*

VII. *Une droite mobile s'appuie sur une droite donnée et sur deux circonférences égales, situées dans des plans perpendiculaires à la directrice rectiligne. Construire les sections planes de la surface ainsi engendrée (*).*

VIII. *Une circonférence située dans le plan horizontal de projection, roule sur la ligne de terre, de manière qu'un de ses points, A, décrit une cycloïde. Une droite AB, inclinée à 45° sur le plan horizontal, et constamment normale à la circonférence mobile, est entraînée par celle-ci. Construire des sections horizontales et la trace verticale de la surface engendrée par AB. Cette surface est-elle développable ? S'il en est ainsi, quelle en est l'arête de rebroussement ?*

(*) Cette surface est connue sous le nom de *biais passé.*

CHAPITRE VIII.

Sections planes des surfaces de révolution.

Dans ce chapitre, nous choisirons, comme exemples de surfaces coupées par un plan, l'hyperboloïde de révolution, et le *tore*, c'est-à-dire *la surface engendrée par une circonférence tournant autour d'un axe situé dans son plan.*

PROBLÈME XVI.

Construire la section faite, par un plan, dans un hyperboloïde de révolution, à une nappe.

204. Au lieu de nous donner la section méridienne de l'hyperboloïde, nous pouvons, pour plus de simplicité, déterminer cette surface par son axe (o, oz'), et par une position particulière de sa génératrice rectiligne : nous pouvons même prendre cette droite $(ab, a'o')$, parallèle au plan vertical de projection. En outre, nous supposerons que ce plan est perpendiculaire au plan sécant $\alpha\beta\gamma$. De cette manière, la projection verticale de la courbe d'intersection sera confondue avec la trace verticale $\beta\gamma$; et il nous suffira de chercher sa projection horizontale *unkmv*.

205. L'axe de l'hyperboloïde étant vertical, et la génératrice $(ab, a'o')$ étant parallèle au plan vertical, la plus courte distance de ces deux droites est, évidemment, perpendiculaire au plan vertical. Elle a donc pour pro-

Fig. 55.

jection verticale le point o', où se coupent oz' et $a'o'$, et pour projection horizontale le prolongement ob de oo'. Par suite, le *cercle de gorge* se projette, en vraie grandeur, sur le plan horizontal, suivant la circonférence dbe; et sa projection verticale est la parallèle $d'e'$ à la ligne de terre. Enfin, si nous prolongeons ab d'une longueur égale bc, la droite $(bc, o'c')$ sera la *seconde génératrice* passant en (b, o'). L'hyperboloïde est complétement déterminé.

206. Cela posé, soit m' la projection verticale d'un point quelconque M de la courbe cherchée. Ce point M est situé sur un parallèle de la surface, dont la projection verticale $m'p'$ est parallèle à la ligne de terre, et qui rencontre en (p', p) la génératrice $(bc, o'c')$ *supposée fixe*. Si donc, du point o comme centre, on décrit une circonférence passant en p, on obtiendra la projection horizontale m correspondant à m'.

La même construction, répétée pour un certain nombre de points, convenablement choisis, donne, avec l'approximation désirable, la projection horizontale $unkmv$ de l'intersection des deux surfaces données.

207. *Nature de la section.* Le plan $\alpha\beta\gamma$ coupe l'hyperboloïde et le cône asymptotique suivant deux courbes semblables et concentriques (167). Or, si l'on imagine que la génératrice $(ab, a'o')$ soit transportée, parallèlement à elle-même, en (o, o'), sa projection verticale $a'o'$ n'aura pas changé, et sa projection horizontale sera devenue $a'o$. La trace horizontale du cône est donc la circonférence décrite sur $a'c'$ comme diamètre; et *son méridien principal est formé par les projections verticales $a'o'$, $o'c'$ des deux génératrices principales.* A cause de cette dernière propriété, on peut, à l'inspection des données, prévoir quel est le

genre de la section. Dans notre épure, le plan $\alpha\beta\gamma$ coupe une seule nappe du cône : la section faite dans l'hyperboloïde est donc une ellipse.

208. *Détermination du centre et des sommets.* Le centre de la section faite dans le cône est au milieu (i, i') du segment $g'h'$ déterminé, sur la trace verticale $\beta\gamma$, par les génératrices extrêmes. Donc, d'après le théorème rappelé tout à l'heure, ce point (i, i') est aussi le centre de la section faite dans l'hyperboloïde. Et comme le plan vertical de projection partage la figure en deux parties symétriques, l'un des axes principaux de la courbe est $\beta\gamma$, l'autre étant la perpendiculaire au plan vertical, projetée en i' (*).

209. Si cette dernière droite est un *axe réel*, c'est-à-dire si la section a deux *sommets* projetés en i', on obtiendra les projections horizontales de ces points par la construction générale indiquée ci-dessus. Dans notre épure, l'une de ces projections est le point k.

La recherche des sommets situés sur la trace verticale du plan sécant est un peu plus longue : elle repose sur les considérations suivantes.

210. Supposons, pour un instant, que ces sommets aient été déterminés, et soit (u, u') l'un d'eux. Ce point appartient à l'hyperboloïde; donc il est situé sur l'une des positions que prend la génératrice principale $(ab, a'o')$ quand elle tourne autour de l'axe $(o, o'z')$. Appelons A cette position inconnue. Si le système des deux droites A et $\beta\gamma$ tourne autour de l'axe, jusqu'à ce que A vienne re-

---

(*) Nous supposons ici que la courbe d'intersection est une ellipse ou une hyperbole. Si elle dégénérait en parabole, le second axe disparaîtrait.

prendre sa position initiale $(ab,\ a'o')$, la droite $\beta\gamma$ engendre un cône de révolution ayant pour trace la circonférence $\beta\delta\varepsilon$; et le point $(u,\ u')$, toujours situé sur la génératrice mobile, décrit un parallèle de ce cône. Par conséquent, nous obtiendrons le sommet cherché, si nous pouvons déterminer le point $(s,\ s')$ où la génératrice principale $(ab,\ a'o')$ perce le cône engendré par $\beta\gamma$. Or, cette dernière détermination est facile.

En effet, par le sommet l' du cône auxiliaire, menons une parallèle $l'q'$ à $a'o'$, et tirons $q'a$: cette dernière droite est la trace horizontale d'un plan passant par le sommet et par la génératrice principale. Ce plan coupe le cône suivant deux droites dont les traces horizontales sont les intersections des lignes $q'a$ et $\beta\delta\varepsilon$. Soit r l'une de ces intersections : la droite or est la projection horizontale d'une génératrice du cône, située dans le plan $l'q'a$. La rencontre $(s,\ s')$ de cette génératrice et de la droite $(ab,\ ao')$ donne enfin le sommet cherché $(u,\ u')$.

L'autre sommet $(v,\ v')$ s'obtiendrait de la même manière; mais il est plus court de prendre $i'v'$ égal à $i'u'$.

211. *Construction de la tangente.* Pour trouver la tangente en un point quelconque M de la section, commençons par construire le plan tangent, en ce point, à l'hyperboloïde. Ce plan est déterminé par les deux génératrices rectilignes passant en M (164), lesquelles ont pour projections horizontales les tangentes $tm\theta$, $mt_1\theta_1$ à la projection du cercle de gorge (155). De plus, les traces horizontales de ces droites sont situées sur la trace $dacf$ de l'hyperboloïde. Il est donc facile de trouver la trace horizontale $\theta\theta_1$ du plan tangent en M, et la projection horizontale Tm de la tangente cherchée.

212. *Remarque.* La droite $\theta\theta_1$ est, évidemment, perpendiculaire à la trace horizontale du méridien passant en M. La construction du plan tangent, employé tout à l'heure, ne diffère donc pas de celle qui a été donnée au n° 68.

213. *Cas où la section est une hyperbole.* Il n'offre rien de particulier, si ce n'est la détermination des asymptotes. On pourrait effectuer directement cette recherche; mais on la simplifiera beaucoup, en observant que les sections faites par le plan donné, dans l'hyperboloïde et dans le cône asymptotique, ont les mêmes asymptotes; en effet, ces courbes sont semblables, semblablement placées et concentriques (167). On a vu d'ailleurs, précédemment, à quoi se réduit la détermination des asymptotes de la section plane d'un cône de révolution (118).

PROBLÈME XVII.

Construire la courbe d'intersection d'un plan et d'un tore.

214. Comme d'habitude, faisons passer le plan vertical de projection par l'axe oz' de la surface de révolution, perpendiculairement au plan sécant. En outre, supposons le tore posé sur le plan horizontal : sa section méridienne se composera du système de deux cercles $i'l'$, $i'l'_1$, égaux entre eux, symétriquement placés par rapport à l'axe (*), et tangents à la ligne de terre. Le contour apparent, relatif au plan vertical, aura pour projection, outre les deux circonférences méridiennes, les tangentes communes ii_1, ll_1. En effet, le plan tangent en un point quelconque

FIG. 56.

(*) En Architecture, cette section méridienne serait appelée *coupe du tore.*

de la section méridienne principale est perpendiculaire à cette section, c'est-à-dire perpendiculaire au plan vertical; et, d'un autre côté, le plan tangent en un point quelconque du *parallèle moyen* ($icfi_1$, $l'l'_1$) est horizontal, etc. Enfin, le contour apparent, relatif au plan horizontal, est formé par les parallèles extrêmes (bhb_1, $b'b'_1$) et (aga_1, $a'a'_1$) (63).

215. Suivant la position attribuée au plan sécant, on obtient des courbes de formes très-variées, dont la discussion nous entraînerait au delà des limites que nous nous sommes prescrites. Afin d'obtenir un résultat intéressant, nous prendrons, pour trace verticale du plan, la *tangente commune* $d'c'$ aux deux cercles $i'l'$, $i'_1l'_1$. De cette manière, le plan sécant $\alpha\beta\gamma$ passe par le centre de la surface, et il touche celle-ci au point c', d'.

216. En opérant comme dans le Problème précédent, c'est-à-dire en construisant les points où le plan donné rencontre un certain nombre de parallèles du tore, on obtient, sans aucune difficulté, la projection horizontale de l'intersection cherchée. Cette projection, dont l'épure ne présente que la *moitié*, se compose de deux arcs *cehfd*, *cgd*, et de deux autres arcs, symétriques de ceux-ci, par rapport à la ligne de terre. L'arc *cehfd* se *raccorde* avec le symétrique de *cgd*, et ce dernier arc *cgd* se raccorde avec le symétrique de *cehfd*; en sorte que la projection horizontale complète paraît composée de deux ellipses égales, qui se couperaient aux points c, d, projections des points où le plan donné touche le tore.

217. *Rabattement de la section.* Pour ne pas jeter de confusion dans l'épure, faisons tourner le plan sécant autour de la perpendiculaire au plan vertical de projection,

passant par le centre (o, o') de la surface; puis, quand le plan mobile sera devenu horizontal, transportons la ligne de terre, parallèlement à elle-même, jusqu'en XY. La construction employée dans le Problème X (78) donne, pour le rabattement cherché, le système de deux courbes CEHFDGC, $CG_2DF_1E_1$, placées symétriquement par rapport à XY, et qui se coupent sur cette droite.

218. M. Yvon Villarceau a trouvé que *ces deux courbes sont deux circonférences égales à celle qui est décrite par le centre* (i, i') *du cercle générateur, et dont les centres sont distants de l'axe d'une longueur égale au rayon de ce cercle* (*).

219. *Remarques.* I. *Le tore admet trois séries de sections planes, doublement circulaires.*

En effet, *tout plan passant par l'axe*, ou *tout plan perpendiculaire à l'axe*, ou enfin, *tout plan tangent, passant par le centre*, coupe le tore suivant deux circonférences.

II. *Le tore admet trois séries de sections sphériques, doublement circulaires.*

En effet : 1° si l'on coupe la section méridienne du tore par une circonférence ayant son centre sur l'axe, les

---

(*) On démontre facilement le Théorème de M. Villarceau en s'appuyant sur la propriété suivante, remarquée par M. *Darboux*, actuellement élève à l'École Normale :

Si l'on appelle *sphères inscrites opposées* les deux sphères déterminées par la section méridienne du tore, et si l'on appelle *distance d'un point à une sphère* la longueur de la tangente menée du point à la sphère, on peut dire que :

Le rectangle des distances d'un point quelconque de la surface du tore, à deux sphères inscrites opposées, est proportionnel à la distance de ce point au plan méridien qui contient les centres des deux sphères (*Nouvelles Annales de Mathématiques*, avril 1864).

points communs aux deux courbes décriront, lors de la rotation, deux parallèles communs au tore et à la sphère engendrée par cette circonférence.

2° Par le cercle générateur du tore on peut faire passer une infinité de sphères. Par le centre de l'une d'elles, menons un plan méridien : il partage le système des deux corps en deux parties symétriques. Donc la sphère coupe le tore, de nouveau, suivant un cercle égal au premier.

3° De même, par le cercle EF, situé sur le tore, on peut faire passer une infinité de sphères. Par le centre de l'une d'elles, menons encore un plan méridien. Il partage le système des deux corps en deux parties symétriques. Donc, etc.

EXERCICES.

I. *Une circonférence, dont le centre est fixe, s'appuie sur une droite fixe, passant par le centre donné, et sur une autre directrice donnée. On demande de représenter quelques-unes des surfaces ainsi engendrées (*).*

II. *Représenter la surface engendrée par une droite qui rencontre trois circonférences données, parallèles à un même plan. Comment doit-on prendre les circonférences directrices, pour que la surface soit un hyperboloïde à une nappe ?*

(*) Ces surfaces, qui jouissent de propriétés curieuses, renferment évidemment, comme cas particulier, les surfaces de révolution. M. de Saint-Venant, à qui j'avais demandé comment on pourrait les désigner, m'a proposé la dénomination de *surfaces cyclotomiques*, qui me parait bien choisie.

III. *Le centre d'une circonférence horizontale décrit une hélice donnée, située sur un cylindre vertical. On propose de représenter la surface ainsi définie, et de la couper par des plans verticaux* (*).

IV. *Représenter l'hyperboloïde à une nappe engendré par une circonférence située dans un plan horizontal mobile, rencontrant, aux extrémités d'un diamètre, deux droites données, non situées dans un même plan, et dont l'une est verticale. Trouver les lignes de plus grande pente de cette surface* (**).

V. *On donne un cube dont l'une des diagonales est verticale, et l'on propose : 1° de représenter l'hyperboloïde de révolution déterminé par trois des arêtes du cube ; 2° de construire les traces de cette surface ; 3° de trouver les projections du cercle de gorge.*

(*) L'aspect de cette surface est à peu près celui d'une *colonne torse*.

(**) En général, les *lignes de plus grande pente* d'une surface sont les trajectoires orthogonales de ses *lignes de niveau* (*Manuel du Baccalauréat ès sciences*, 3ᵉ Partie, p. 220). Dans le cas actuel, *les lignes de plus grande pente de l'hyperboloïde se projettent horizontalement suivant des circonférences*.

CHAPITRE IX.

Intersection de deux surfaces courbes.

220. Dans les Chapitres V, VII et VIII de cet ouvrage, nous avons indiqué les méthodes que l'on doit employer quand on veut construire la section plane d'une surface réglée ou d'une surface de révolution. Si le lecteur a saisi l'esprit de ces méthodes, il a dû reconnaître que, dans chaque cas, on coupe la surface et le plan donnés, par une série de plans auxiliaires, tellement choisis, que chacun d'eux détermine sur la surface une ligne facile à construire : par exemple, une droite ou une circonférence. La rencontre de cette ligne avec l'intersection du plan donné et du plan auxiliaire appartient à la courbe cherchée, dont on obtient ainsi un certain nombre de points. En unissant par un ou *plusieurs* traits continus les points déterminés par tous les plans auxiliaires, on a enfin cette courbe, avec une approximation plus ou moins grande (*).

221. En résumant ce procédé, on voit qu'il consiste véritablement à remplacer le problème proposé par une série de problèmes du même genre, mais plus simples. Par exemple, pour obtenir l'intersection d'un hyperboloïde de révolution et d'un plan, on construit les sections de cette surface par des plans parallèles à son axe, et l'on

---

(*) Dans ce paragraphe et dans ceux qui suivent, le mot *projection* est sous-entendu.

combine ces lignes avec les droites suivant lesquelles le plan donné coupe le plan auxiliaire.

222. Quand on veut construire l'intersection L de deux surfaces courbes quelconques S et S' on ne fait que généraliser la méthode dont nous venons de rappeler la partie essentielle. Ainsi, après avoir examiné s'il existe une série de surfaces Σ, Σ_1, Σ_2,..., qui coupent S et S' suivant des lignes faciles à déterminer, on construit les intersections l, l' de la surface auxiliaire Σ avec les surfaces données; puis les intersections l_1, l'_1 de Σ_1, avec ces mêmes surfaces, etc. Ces deux séries de lignes étant obtenues, on cherche le point de rencontre m de l et de l' (*) ; puis le point de rencontre m_1 de l_1 et de l'_1; et ainsi de suite. Enfin, on construit le lieu des points m, m_1, m_2... : ce lieu est la courbe cherchée L.

223. Les surfaces auxiliaires Σ, Σ_1, Σ_2..., seront, presque toujours, des plans, sans quoi, la recherche des courbes l, l', l_1, l'_1,...., pourrait être aussi difficile que celle de la courbe L; et l'emploi de ces surfaces n'aurait pas simplifié le problème (**). En outre, sauf les cas, très-peu nombreux, dans lesquels les surfaces proposées admettent des sections rectilignes ou circulaires, cette détermination des courbes l, l', l_1, l'_1,..., nécessite encore un si grand nombre d'opérations graphiques, que l'on est en droit de regarder la solution générale du problème dont nous

---

(*) Les courbes l, l' se couperont si la surface auxiliaire Σ, à laquelle elles appartiennent, tombe entre certaines limites. — Voyez, pour les surfaces-limites, les Problèmes XVIII et suivants.

(**) Cependant, lorsque S, S' sont des surface de révolution, dont les axes se coupent, on adopte des sphères pour surfaces auxiliaires — Voyez le Problème XX.

nous occupons, sinon comme illusoire, du moins comme fort peu satisfaisante (*).

224. Avant d'appliquer ces généralités à quelques exemples très-simples, nous ferons observer que *la tangente* T, *en un point quelconque* M *de la courbe* L *d'intersection de deux surfaces* S, S', *est, en général, l'intersection des plans* P, P', *respectivement tangents aux deux surfaces, en ce point* M.

En effet, d'après la propriété caractéristique du plan tangent (27), la droite T, tangente en M à la courbe L tracée sur la surface S, est située dans le plan P. De même, elle est dans le plan P'; donc, etc.

225. Quelquefois la construction de la tangente peut être simplifiée au moyen de la proposition suivante :

La tangente T, *en un point quelconque* M *de la courbe* L *d'intersection de deux surfaces* S, S', *est perpendiculaire au plan des normales* N, N', *en ce point, aux deux surfaces.*

Pour démontrer cette proposition, il suffit d'observer que la normale N étant, par définition, perpendiculaire au plan tangent P, est perpendiculaire à la tangente T. De même pour la normale N'. Or, une droite est dite perpendiculaire à un plan, lorsqu'elle est perpendiculaire à deux droites menées, par son pied, dans ce plan; etc.

226. *Remarque.* Le plan des deux normales N, N' est dit *normal* à la courbe L.

(*) Si l'on savait toujours éliminer une inconnue entre deux équations, la solution algébrique du problème l'emporterait de beaucoup sur la solution géométrique. En effet, les projections de la courbe cherchée seraient représentées par les équations obtenues en éliminant z, puis x, entre les équations des deux surfaces données.

PROBLÈME XVIII.

Intersection de deux cylindres.

227. *Recherche d'un point quelconque.* Après avoir construit les contours apparents des deux cylindres, que nous   Fig. 57.
supposons, pour plus de régularité dans l'épure, limités
à deux plans horizontaux xy, $x'y'$, déterminons les surfaces auxiliaires qui donneront lieu aux intersections les
plus simples. Ces surfaces sont des plans parallèles, à la
fois, aux génératrices des deux cylindres. Il est clair, en
outre, que ces plans sont parallèles entre eux.

Pour déterminer leur direction commune, menons, par
un point arbitraire (i, i'), une parallèle $(ik, i'k')$ aux génératrices du cylindre C, et une parallèle $(il, i'l')$ aux génératrices du cylindre C'. La trace horizontale du plan de
ces deux lignes est la droite lk, à laquelle les traces horizontales de tous les plans auxiliaires devront être parallèles. Si donc nous menons une sécante pq, parallèle à
lk, cette droite pq est la trace horizontale d'un plan qui
coupe les deux cylindres suivant des génératrices $(pm,$
$p'm')$, $(qm, q'm')$ ayant les points p, q pour traces horizontales; et le point (m, m'), où ces lignes se rencontrent, appartient à la courbe cherchée. En répétant la
même construction, on obtiendrait de nouveaux points,
aussi nombreux qu'on le voudrait; mais, pour avoir une
idée nette de la nature de l'intersection, il vaut mieux
construire d'abord les points situés sur les plans-limites,
et ensuite les points appartenant aux contours apparents.

228. *Points situés sur les plans limites.* Menons, parallèlement à kl, une droite $\alpha\beta\gamma$ qui, tangente à l'une des

bases données, soit sécante à l'autre : cette droite est la
trace horizontale d'un plan-limite, c'est-à-dire d'un plan
au delà duquel il n'y aura aucun point appartenant à l'intersection des deux cylindres. De même, $\delta\varepsilon\eta$ est la trace
d'un autre plan-limite (*). Chacun de ces plans est tan-
gent à l'un des cylindres et sécant à l'autre. De plus,
tandis qu'un plan auxiliaire quelconque, le plan pq, par
exemple, détermine quatre points de l'intersection, chacun des plans-limites en donne seulement deux. C'est ce
que l'on reconnaît à l'inspection de l'épure.

229. On peut ajouter que, *en chacun des points situés
sur un plan-limite, la tangente à l'intersection est la génératrice commune à ce plan et au cylindre qu'il coupe.*

En effet, la tangente au point (j, j') est l'intersection
du plan $\alpha\beta\gamma$ avec le plan tangent au cylindre C, suivant
la génératrice $(j\gamma, j'\gamma')$, laquelle est située dans le premier plan ; donc la tangente ne diffère pas de cette génératrice.

230. *Remarque.* S'il arrivait que le plan-limite fût tangent aux deux cylindres, la méthode générale serait en
défaut, et pour déterminer la tangente au point (j, j'), il
faudrait recourir à d'autres théories, que nous ne pouvons
indiquer ici.

231. *Distinction entre l'arrachement et la pénétration.*
Dans notre épure, le plan $\alpha\beta\gamma$ est tangent au cylindre C',

---

(*) Si les bases des cylindres étaient des courbes non convexes, on
pourrait trouver plusieurs plans-limites P, P', P'', P''',..., partageant
l'espace en régions telles que, de deux régions consécutives, l'une con-
tiendrait des points communs aux deux cylindres, et l'autre n'en renfer-
merait pas. Au reste, les *plans-limites* sont des cas particuliers des *surfaces-limites* dont il a été question ci-dessus.

et le plan δεη est tangent au cylindre C. Il résulte, de cette disposition, que chacune des deux surfaces est rencontrée par une partie seulement des génératrices appartenant à l'autre, *et vice versâ*. Dans ce cas, *l'intersection est composée d'une seule branche*, et l'on dit qu'il y a *arrachement* des deux cylindres.

Si les plans-limites sont tangents à un même cylindre, comme l'indique la figure 58, il y a *pénétration* : le cylindre C′ traverse le cylindre C de part en part; et, par conséquent, *l'intersection se compose de deux branches séparées*, dont l'une est la *courbe d'entrée*, et l'autre la *courbe de sortie*.

232. *Points situés sur les contours apparents.* Il est avantageux de faire passer des plans auxiliaires par les génératrices qui déterminent les contours apparents; parce que ces plans donnent des points pour lesquels les tangentes sont immédiatement connues. Considérons, par exemple, le plan $f\pi$, mené par la génératrice-limite $(ff_1, f'f'_1)$, et soient (r, r'), (s, s') les deux points où cette génératrice perce le cylindre C′. Le plan tangent en (r, r'), au cylindre C, est vertical; donc la tangente à l'intersection, en ce point (r, r'), est projetée suivant ff_1.

FIG. 57.

Semblablement, les tangentes aux points situés sur les génératrices qui ont b, d pour traces, sont projetées horizontalement suivant bb_1, dd_1.

La même démonstration s'applique aux points situés sur les génératrices dont les traces sont a, c, e, g : les projections verticales des tangentes en ces points sont confondues avec les projections des génératrices.

En général, *la tangente à l'intersection de deux surfaces, en un point situé sur le contour apparent de l'une d'elles, se projette, sur le plan qui détermine ce contour ap-parent, suivant la tangente à la projection de ce même contour.*

233. *Construction de la tangente.* La construction de la tangente (mt, $m't'$), en un point quelconque (m, m') de l'intersection des deux cylindres, n'offre aucune diffi-culté, puisque cette droite est l'intersection des plans dont les tracés horizontales sont les tangentes tp, tq aux bases des deux cylindres.

234. Si l'on voulait déterminer les points pour lesquels la tangente est horizontale, c'est-à-dire *le point le plus haut* et *le point le plus bas* (*) de la courbe d'intersection, on remarquerait que, pour chacun d'eux, les plans tan-gents aux deux cylindres ont leurs traces horizontales parallèles à la tangente, et, par conséquent, parallèles entre elles. On devra donc, *par tâtonnement*, construire un plan auxiliaire tel, que les tangentes aux extrémités λ, ν de sa trace horizontale soient parallèles entre elles.

235. Nous n'avons pas encore indiqué comment on doit s'y prendre pour réunir, par un trait continu, les points obtenus *isolément*, et qui appartiennent, par exem-ple, à la projection horizontale de l'intersection. La con-sidération suivante indique un procédé assez commode.

FIG. 59.   Soient ABCD... la courbe d'intersection de deux cylin-dres dont les bases sont $abcdef$ et $\alpha\beta\gamma\delta\varepsilon$. Soient $a\alpha$, $\beta\varepsilon$, $c\delta$ les traces horizontales des plans auxiliaires, et $A\alpha$, $A\nu$,

---

(*) En général, *si la tangente en un point* M *d'une courbe* C *est paral-lèle à un plan* P, *la distance du point* M *à ce plan est un maximum ou un minimum.* On peut démontrer cette proposition par le moyen employé dans le n° 44. Cependant, si M est un *point singulier*, la propriété peut ne plus subsister.

Bb, Bβ..., les génératrices qu'elles déterminent.

Nous pouvons regarder l'arc *abcde* comme une *projection* de ABC..., faite parallèlement à Aa. De même l'arc $\gamma\beta\alpha\epsilon\delta$ est une seconde projection de cette ligne.

Cela posé, admettons qu'un mobile M décrive la courbe ABC..., tandis que ses projections m, μ se meuvent sur les bases des deux cylindres. Si, pour fixer les idées, on suppose que M, parti du point A, marche dans le sens indiqué par les flèches F, il est clair que la projection m décrira d'abord l'arc *abc*, et que la projection μ décrira l'arc $\alpha\beta\gamma$. Quand le mobile M est arrivé en C, le mobile m continue à se mouvoir dans le même sens que précédemment, et il décrit l'arc *cde*; mais le mobile μ *rebrousse chemin*, et il parcourt l'arc $\gamma\beta\alpha$, dans un sens contraire au sens primitif. La même discussion pourrait être continuée : elle est suffisamment indiquée par les flèches f, f', φ, φ'.

Supposons à présent que ABCD..., au lieu d'être l'intersection des deux cylindres, soit seulement la projection horizontale de cette ligne, projection dont on a obtenu des points, en combinant les projections horizontales aA, bB,... des génératrices du premier cylindre, avec les projections αA, βB,... des génératrices du second. Quand les mobiles m, μ décrivent les arcs ab, $\alpha\beta$, le mobile M se transporte de A en B; donc ces deux points doivent être réunis par un arc continu; etc.

236. D'après les conventions adoptées, nous avons, dans notre épure, tracé en *plein* les projections des parties visibles, et en *points ronds* les projections des parties invisibles. Relativement à la courbe d'intersection, il importe d'observer qu'un point quelconque de cette ligne

étant toujours l'intersection de deux génératrices, il n'est
visible que s'il est situé sur deux génératrices visibles.

PROBLÈME XIX.

Intersection de deux cônes.

Fig. 60.   237. Les *surfaces auxiliaires* qui déterminent, de la
manière la plus simple, l'intersection NDMCP de deux
cônes C, C′ donnés, sont, évidemment, des plans menés
par les sommets S, T. Leurs traces horizontales passent
toutes par la trace horizontale R de cette droite. Sauf cette
légère modification, la construction de l'épure est identique avec celle de l'épure précédente. Nous ne devrions
donc entrer dans aucune explication sur le problème actuel, s'il ne donnait lieu à une recherche intéressante,
celle des *branches infinies*.

230. Le raisonnement dont nous avons fait usage à
propos de la section hyperbolique du cône (118) démontre que *l'intersection de deux surfaces coniques C, C′ a des
branches infinies, s'il existe, sur ces surfaces, deux génératrices (sa, s′a′), (tα, t′α′) parallèles entre elles.*

En effet, remplaçons le plan P de ces génératrices parallèles, par un autre plan auxiliaire P′ faisant un très-
petit angle avec le premier : il détermine, dans les deux
cônes, deux droites dont l'inclinaison mutuelle peut être
rendue aussi petite que nous le voudrons. Leur point de
rencontre peut donc s'éloigner des sommets S, T, au delà
de toute limite. C'est ce qu'il fallait démontrer (*).

(*) Si l'on appliquait ce mode de démonstration au cas de deux cônes
ou de deux cylindres dont les bases seraient indéfinies, il pourrait con-

239. Afin de reconnaître si les deux cônes C, C′ admettent des génératrices parallèles, transportons l'un d'eux, *parallèlement à lui-même*, jusqu'à ce que son sommet S vienne coïncider avec l'autre sommet T, c'est-à-dire, prenons ce dernier point pour sommet d'un cône *c* dont les génératrices soient parallèles à celles du cône C. Si les cônes donnés admettent deux génératrices parallèles (*sa*, *s′a′*), (*ta*, *ta′*), cette dernière droite sera commune au *cône fixe* C′ et au cône *auxiliaire c*; en sorte que les traces de ces dernières surfaces se couperont en un point α. Toute la question se réduit donc à la construction de la courbe αλ, trace horizontale du cône *c*.

240. On reconnaît facilement que cette courbe est semblable à la trace du cône C, et que *le centre de similitude* des deux lignes est le point *r*, trace horizontale de la droite menée par les sommets S, T. En effet, soient *sf*, *tφ* les projections horizontales de deux génératrices parallèles, respectivement situées sur les cônes C, *c*. Le plan de ces deux génératrices passe en (*r*, *r′*); donc les deux traces horizontales *f*, φ, et le point *r*, sont sur une même droite; etc.

La trace α λ du cône auxiliaire étant semblable à celle du cône C, on peut, au moyen du centre de similitude *r*, et sans employer les projections verticales, construire par points cette courbe α λ, et déterminer ses intersections α, λ avec la trace du cône C′. On obtient ainsi, dans l'exem-

---

duire à des conclusions fausses. Ainsi, avec une même directrice parabolique, on peut construire deux cylindres : leur intersection est indéfinie; et cependant les génératrices de l'un ne sont pas parallèles aux génératrices de l'autre; etc.

ple proposé, deux couples de génératrices parallèles, savoir : $(sa, s'a')$ et $(t\alpha, t'\alpha')$; puis $(ls, l's')$ et $(t\lambda, t'\lambda')$. L'intersection des nappes inférieures des deux cônes est donc une courbe projetée horizontalement suivant $pcmdn$, et qui s'étend indéfiniment dans les deux sens, de c vers p, et de d vers n (*).

241. *Construction des asymptotes.* En remontant à la définition de ces droites (118) et à la construction générale de la tangente en un point de l'intersection de deux surfaces, on conclut immédiatement que l'asymptote de l'arc indéfini mcp... est l'intersection du plan tangent au cône C, suivant la génératrice $(ls, l's')$, avec le plan tangent au cône C′, le long de la génératrice $(t\lambda, t'\lambda')$.

Ces deux plans tangents ont pour traces horizontales les tangentes lu, λu aux bases des deux cônes; d'ailleurs, les génératrices de contact sont parallèles entre elles : la projection horizontale de l'asymptote, ou *l'asymptote à la projection horizontale de l'intersection*, est donc la droite uv, parallèle à ls et $t\lambda$.

On construirait, de la même manière, l'asymptote à l'arc indéfini mdn.

242. *Remarque.* Si les tangentes lu, λu étaient parallèles, l'asymptote uv serait *transportée à l'infini;* c'est-à-dire qu'elle n'existerait plus.

(*) Si les deux cônes étaient prolongés au delà de leurs sommets, ils se couperaient suivant une nouvelle branche infinie. Pour ne pas compliquer inutilement l'épure, nous avons supprimé cette seconde partie de l'intersection. Nous avons en même temps essayé de représenter, en projection verticale, les deux nappes inférieures, en les supposant interrompues à partir de leur intersection.

PROBLEME XX.

Intersection de deux surfaces de révolution, dont les axes se rencontrent.

243. Prenons le plan horizontal de projection, perpendiculaire à l'un des axes, et le plan vertical, passant par ces deux droites. Les surfaces de révolution seront déterminées, si l'on donne leurs axes $(o, o'z')$, $(xy, e'g')$ et leurs sections méridiennes $a'b'c'd'$, $e'f'g'h'$. Nous pourrons construire, comme d'habitude, le cercle dnb, projection du contour apparent de la surface dont l'axe est vertical. Quant à la seconde surface, la détermination de son contour apparent, relatif au plan horizontal, exigerait l'emploi de méthodes que nous ne pouvons indiquer ici (*); nous la regarderons donc comme suffisamment connue par sa section méridienne et son axe. D'ailleurs ces deux éléments sont les seuls dont nous aurons besoin.

FIG. 61.

244. *Les surfaces auxiliaires* (222) par lesquelles il convient de couper les surfaces données, sont des sphères ayant pour centre commun le point (o, o') où se coupent les deux axes (**). L'emploi de ces sphères est justifié par les deux propriétés suivantes, qu'il suffit d'énoncer : 1° *quand deux surfaces de révolution ont même axe, elles se coupent suivant un parallèle commun :* 2° *la sphère est une surface de révolution qui a pour axe toute droite passant par le centre.*

(*) Si la section méridienne $e'f'g'h'$ est, comme dans notre épure, une ligne du second degré, la projection du contour apparent est une ligne du second degré. parce que *la courbe de contact d'un cylindre et d'une surface du second ordre est plane.*

(**) Dans le cas très-particulier où les deux axes seraient parallèles, on couperait les deux surfaces par des plans horizontaux, c'est-à-dire perpendiculaires à ces axes.

245. Soit donc $k'p'l'q'$ la section méridienne d'une sphère quelconque, ayant pour centre le point (o, o'). Le parallèle commun à cette surface auxiliaire et à la première des surfaces données est engendré par le point (k, k'), où se coupent les sections méridiennes; de plus, il est situé dans un plan perpendiculaire à l'axe commun $(o, o'z)$; donc ce parallèle est projeté *tout entier* suivant la corde commune $k'l'$. De même, le parallèle commun à la sphère auxiliaire et à la seconde surface de révolution est projeté verticalement suivant la corde $p'q'$, commune aux deux sections méridiennes. Si donc les deux cordes $k'l'$, $p'q'$ se coupent en un point m', les deux circonférences dont ces cordes sont les diamètres se rencontrent, dans l'espace, *en deux points* symétriquement placés à l'égard du plan vertical, et dont m' est la projection verticale commune. Ces deux points appartiennent à l'intersection cherchée.

En répétant la construction, on obtient, pour projection verticale de cette intersection, la courbe $i'm'n'h'$, laquelle, évidemment, doit passer par les points i',h' communs aux sections méridiennes données.

246. La projection horizontale $imnh$ se construit sans difficulté. En effet, le point (m, m'), par exemple, appartient au parallèle projeté verticalement suivant $k'l'$. Ce parallèle, étant horizontal, se projette, en vraie grandeur, suivant la circonférence kml; etc.

247. *Remarque. Si les surfaces données sont du second ordre, la projection verticale de leur intersection appartient à une ligne du second degré* (*).

______

(*) En effet, le plan vertical de projection est un plan *principal* par

248. D'après ce qui précède, si deux cordes, déterminées par une circonférence auxiliaire, concourent en un point *extérieur* à la circonférence, ce point n'appartient pas à la projection verticale de l'intersection des deux surfaces. Néanmoins, *il est situé sur la ligne dont cette projection est un arc* (*).

---

rapport à chacune des deux surfaces. Or, *l'intersection de deux surfaces du second ordre, qui ont un plan principal commun, se projette sur ce plan, suivant une ligne du second ordre;* donc, etc.

Le cas où les deux sections méridiennes du second degré auraient un *foyer commun* mérite d'être remarqué : *la projection verticale de l'intersection se réduit* alors *à une ligne droite, ou au système de deux droites.*

Pour démontrer cette propriété, rapportons les méridiennes à des axes rectangulaires passant par le foyer commun; nous pourrons représenter ces deux courbes par

$$x^2 + y^2 = (my + nx + p)^2, \qquad (1)$$
$$x^2 + y^2 = (m'y + n'x + p')^2. \qquad (2)$$

L'équation de la circonférence variable sera

$$x^2 + y^2 = \rho^2. \qquad (3)$$

Retranchons membre à membre les équations (1) et (3) : la relation

$$(my + nx + p)^2 = \rho^2 \qquad (4)$$

représente deux cordes telles que $k'l'$, communes à la courbe (1) et à la circonférence. De même, la corde $p'q'$ est donnée par l'équation

$$(m'y + n'x + p')^2 = \rho^2. \qquad (5)$$

Actuellement, éliminons ρ entre les relations (4) et (5), afin d'obtenir l'équation du lieu des points m'; nous trouvons

$$(my + nx + p)^2 = (m'y + n'x + p')^2, \qquad (6)$$

équation qui représente deux droites.

(*) Si l'on cherchait l'équation du lieu des points dont il s'agit, on trouverait qu'elle ne diffère pas de celle qui représente la projection

249. *Construction de la tangente.* On pourrait, pour déterminer la tangente en un point quelconque (m, m') de la courbe d'intersection, construire les plans tangents, en ce point, aux deux surfaces. Mais il est plus simple de recourir à la *méthode du plan normal* (225). En effet, la trace verticale de la normale en (m, m'), pour la première surface, est le point (o, r'). Semblablement, la normale à la seconde surface rencontre le plan vertical en un point projeté en s'. La trace verticale du plan des deux normales est donc $r's'$. Par suite, la droite $m't'$, menée perpendiculairement à cette trace, est la projection verticale de la tangente demandée.

On obtient sa projection horizontale en cherchant d'abord, au moyen de la normale $(mo, m'r')$, la trace horizontale $\alpha\beta$ du plan normal, et en abaissant ensuite une perpendiculaire mt sur cette trace.

---

verticale de l'intersection. Cette projection fait donc partie du premier lieu.

Il y a plus : ce même lieu peut se terminer brusquement, parce que les circonférences auxiliaires deviennent trop petites ou trop grandes. Dans ce cas, la courbe obtenue en construisant les points déterminés par les circonférences, courbe dont une partie constitue la projection verticale $i'n'h'$, n'est elle-même qu'une partie du lieu représenté par l'équation. C'est là un des nombreux exemples dans lesquels l'emploi de l'Algèbre conduit à un résultat plus général que ne paraissaient le comporter les données du problème.

EXERCICES.

I. *Construire les traces d'un cylindre de révolution tangent à deux plans donnés, connaissant le rayon de la section droite.*

II. *Construire les projections de l'intersection d'une sphère et d'un cône.*

III. *Un cylindre de révolution, dont l'axe est vertical, est coupé par une sphère qui a son centre sur la surface du cylindre. On demande : 1° la projection verticale de l'intersection des deux surfaces ; 2° le développement du cylindre et la transformée de l'intersection.*

IV. *Construire l'intersection de deux paraboloïdes hyperboliques engendrés chacun par une droite horizontale qui rencontre deux droites données.*

V. *Intersection de deux cônes de révolution, dont les axes se rencontrent.*

VI. *On donne un cône de révolution, dont l'axe est vertical. On donne ensuite deux droites parallèles à deux génératrices opposées du cône, également éloignées de l'axe, et dont la plus courte distance passe par le sommet du cône. Une droite horizontale s'appuie sur ces deux directrices, de manière à engendrer un paraboloïde hyperbolique. On propose de construire l'intersection de cette surface et du cône.*

9

VII. *Intersection de deux surfaces gauches de révolution, dont les axes se rencontrent.*

VIII. *Une circonférence donnée tourne successivement autour de deux droites situées dans son plan. Construire l'intersection des deux tores ainsi engendrés.*

IX. *Intersection de trois cylindres.*

X. *Intersection de trois cylindres de révolution, égaux entre eux, et dont les axes soient des droites données, se coupant en un même point.*

XI. *Une sphère, dont le rayon est connu, touche, en un point donné, un plan donné P. A cette sphère, on circonscrit un cône dont le sommet est donné, et qui est terminé au plan P. On propose de construire les projections de ce cône, les projections de sa base, et les projections du cercle suivant lequel il touche la sphère (*).*

XII. *On donne une hélice, tracée sur un cylindre de révolution vertical, et l'on propose de construire les projections de cette courbe sur deux plans perpendiculaires entre eux, et perpendiculaires au plan vertical.*

XIII. *On donne une hélice tracée sur un cylindre de révolution vertical, et l'on propose de construire la trace horizontale d'un second cylindre ayant*

(*) Cette question appartient à la *Théorie des ombres*, ainsi que les six questions suivantes.

pour directrice cette hélice, et dont les génératrices seraient parallèles à l'une des tangentes de cette courbe. Démontrer que cette trace est une cycloïde (*).

XIV. *Construire la courbe d'intersection d'une sphère avec un cylindre ayant pour base le grand cercle horizontal de la sphère, et dont les génératrices sont parallèles à une droite donnée. Démontrer que cette courbe est une circonférence de grand cercle.*

XV. *À une sphère donnée, circonscrire un cylindre dont les génératrices aient une direction donnée, et trouver l'intersection de ce cylindre avec un cône ou avec un cylindre donné.*

XVI. *Construire la courbe de contact d'un tore dont l'axe est vertical, avec un cylindre circonscrit à cette surface, et dont les génératrices sont parallèles à une droite donnée. On construira aussi la trace horizontale de ce cylindre.*

XVII. *Un tore, dont les dimensions sont données, et dont l'axe passe par un point donné, repose sur un plan donné. On demande : 1° les deux projections de cette surface ; 2° les projections de la courbe suivant laquelle ce tore est touché par un cône circonscrit, dont le sommet est donné.*

XVIII. *Avec un même cube directeur on peut déterminer plusieurs hyperboloïdes de révolution (p. 87),*

(**) Ce théorème est attribué à M. *Guillery.*

Quel est le nombre de ces surfaces? Comment se coupent-elles deux à deux? Ont-elles des points communs (*)?

XIX. *On suppose que des anneaux, à section rectangulaire, et tous égaux entre eux, soient assemblés de manière à former une chaîne pesante, librement suspendue par une de ses extrémités. Dans cet état, deux anneaux consécutifs se rencontrent en quatre points, appartenant à quatre arêtes intérieures. De plus, les axes de tous les anneaux sont horizontaux, et deux axes successifs sont perpendiculaires entre eux. On propose de projeter la chaîne sur un plan donné.*

XX. *Le centre d'une sphère, de rayon donné, parcourt une hélice donnée, tracée sur un cylindre de révolution, dont l'axe est vertical. Dans son mouvement, la sphère est enveloppée par une surface-canal dont on demande les deux projections.*

XXI. *Construire l'intersection d'un plan vertical quelconque, avec la surface-canal définie dans la question précédente.*

XXII. *Une droite mobile s'appuie sur une horizontale et sur une verticale données, en faisant un angle constant avec la verticale. Représenter la surface ainsi engendrée (**).*

(*) Pour construire l'épure qui répond à ces diverses questions, on pourra supposer les faces du cube donné parallèles ou perpendiculaires aux plans de projection.

(**) Cette surface, dont le modèle a été construit par M. *Bardin*, admet des sections conchoïdales et des sections hyperboliques : pour cette raison, j'ai cru pouvoir la désigner sous le nom d'*hyperboloïde conchoïdal*.

XXIII. *On donne, comme seconde directrice de la circon-férence qui engendre une surface cyclotomique (p. 112), une droite perpendiculaire à la pre-mière directrice, et l'on suppose que ces deux droites sont horizontales. Représenter : 1° les lignes de niveau et les lignes de plus grande pente de la surface; 2° les sections faites par des sphè-res concentriques avec la circonférence généra-trice (*).*

XXIV. *Représenter la surface engendrée par une circon-férence tournant autour d'une droite non située dans son plan. Cas où la droite est parallèle au plan.*

XXV. *Une circonférence, dont le rayon est a, se meut de manière que son plan reste horizontal et que son centre décrive une circonférence fixe, ayant pour rayon b, située dans un plan vertical. Repré-senter la surface ainsi engendrée. Faire voir qu'elle admet une seconde série de sections circu-laires. Examiner le cas où a = b.*

(*) Les projections horizontales de ces diverses courbes sont des coni-ques ayant les mêmes foyers.

QUESTIONS PROPOSÉES DANS LES CONCOURS D'ADMISSION

A L'ÉCOLE POLYTECHNIQUE (*).

1. Trois droites indéfinies sont données, savoir : une droite α située dans le plan horizontal et perpendiculaire à la ligne de terre LL; une deuxième droite β située dans le plan vertical et perpendiculaire aussi à LL ; enfin, une troisième droite γ parallèle à LL', mais qui n'est ni dans le plan horizontal, ni dans le plan vertical.

Imaginons qu'une surface soit engendrée par une droite mobile μ, qui glisse sur ces trois droites fixes.

On coupe cette surface par un plan vertical V, et l'on veut connaître l'intersection en vraie grandeur, dans un rabattement qui devra être fait sur le plan vertical (1852).

2. Un cylindre est donné : il est droit, sa base est un cercle, et il est tangent aux deux plans de projection. Sur le plan horizontal un cercle est donné, lequel est tangent à la ligne de terre et égal à la base du cylindre.

Prenez un point quelconque dans le plan vertical, et supposez que ce point soit le sommet d'un cône engendré par une droite qui s'appuie sur le cercle : on demande l'intersection de ce cône avec le cylindre, et la tangente en un point quelconque de cette intersection (*id.*).

(*) Ces énoncés sont extraits, textuellement, des *Nouvelles Annales de Mathématiques.*

3. *Données.* Un cylindre droit, vertical, d'un rayon de 2 centimètres, et dont l'axe est distant de 10 centimètres du plan vertical ; deux droites D et *d*, inclinées sur chacun des plans de projection, et situées d'un même côté par rapport au cylindre.

Il s'agit : 1° de construire le lieu de toutes les droites assujetties à toucher le cylindre et à s'appuyer à la fois sur les deux droites D et *d* ; 2° de tracer la courbe, lieu des points où ces droites rencontrent le plan vertical (*id.*).

4. *Données.* Deux cônes droits à base circulaire dont les axes se rencontrent ; l'axe de l'un est perpendiculaire au plan horizontal, et l'axe de l'autre est perpendiculaire au plan vertical.

Il s'agit : 1° de construire l'intersection des deux surfaces ; 2° de tracer le développement du premier cône ; 3° de construire la tangente en un point de la transformée (*id.*).

5. *Données.* Sur le plan horizontal, une ellipse et un cercle touchant l'ellipse intérieurement et la coupant en deux points. Le grand axe de l'ellipse = 9 centimètres, le petit axe = 6 centimètres : ces axes ne sont ni perpendiculaires ni parallèles à la ligne de terre ;

Un point dont la projection horizontale *s* tombe dans le cercle et dans l'ellipse, et dont la projection verticale *s′* est élevée de 10 centimètres environ au-dessus du plan horizontal ;

Deux cônes indéfiniment prolongés, ayant le point (*s*, *s′*) pour sommet commun, et pour bases respectives l'ellipse et le cercle ;

Une droite indéfinie passant par le point (*s*, *s′*) et rencontrant le plan horizontal en un point (z, z') plus éloigné de la ligne de terre que ne l'est le point s.

Il s'agit de déplacer le cône circulaire parallèlement à lui-même, en faisant monter ou descendre son sommet sur la droite $(sz, s'z')$, d'arrêter ce cône dans une certaine position, et de construire le résultat (*sic*) de son intersection avec le cône elliptique. On arrêtera le sommet du cône auxiliaire au-dessus du point (s, s'), au tiers de la longueur de la droite $(sz, s'z')$ (1853).

6. *Données.* Un point (o, o'), situé à 10 centimètres de chacun des plans de projection, est le centre commun d'une sphère S de 4 centimètres de rayon, et d'un cercle horizontal c de 2 centimètres de rayon ;

Dans le plan horizontal, le point o est le centre d'un cercle C de 8 centimètres de rayon ;

Une droite (D, D') part d'un point de la circonférence du cercle C et touche le cercle c, de manière à avoir sa projection horizontale tangente à celle du cercle (on ne prendra pas cette droite parallèle au plan vertical).

Il s'agit : 1° de percer dans la sphère S le trou qu'y ferait un cylindre de révolution ayant pour axe la droite (D, D') et 2 centimètres de rayon ; 2° de faire une *coupe* de la sphère et de son trou cylindrique par un plan vertical passant par l'axe du cylindre (*id.*).

7. *Données.* Un point (o, o'), situé à 10 centimètres de chacun des plans de projection, est le centre d'une sphère S de 4 centimètres de rayon et d'un cercle horizontal c, dont le rayon a 1 centimètre $\frac{1}{2}$;

Dans le plan horizontal, le point O est le centre d'un

cercle C de 8 centimètres de rayon, sur la circonférence duquel trois points *m*, *n*, *p* forment un triangle équilatéral : par ces points passent trois génératrices M, N, P de l'hyperboloïde à une nappe qui aurait le cercle C pour trace et *c* pour cercle de gorge ;

L'axe de tout le système est le diamètre vertical de la sphère S.

Il s'agit de construire les courbes de pénétration de la sphère par trois cylindres de révolution de même rayon que le cercle de gorge de l'hyperbole (*sic*), et ayant pour axe une des trois génératrices M, N, P.

Nota. Chaque cylindre sera limité, en bas par le plan horizontal de projection, en haut par un plan perpendiculaire à son axe et distant de 6 centimètres du centre (*o*, *o'*) de la sphère S. Le triangle *mnp* n'aura pas de côté parallèle ou perpendiculaire au plan vertical (*id.*).

8. *Données.* Un triangle équilatéral *abc*, de 5 centimètres de côté, situé dans un plan horizontal élevé de 5 centimètres au-dessus de la ligne de terre ;

Trois sphères ayant leurs centres aux points *a*, *b*, *c*, et un rayon commun de 5 centimètres.

Il s'agit : 1° de construire l'intersection des trois sphères ; 2° de détacher par un mouvement de transport parallèle le solide commun à ces trois sphères, et d'en faire séparément les projections (*id.*).

9. *Données.* Un hyperboloïde à une nappe dont l'axe est vertical ; sa trace a 5 centimètres de rayon ; le cercle de gorge, de 4 centimètres de rayon, est élevé de 5 centimètres au-dessus du plan horizontal ; l'hyperboloïde est limité dans sa partie supérieure par un plan horizontal

élevé de 9 centimètres au-dessus de la ligne de terre.

Une droite (D, D′) qui fait avec le plan horizontal un angle plus grand que celui de la génératrice rectiligne de l'hyperboloïde avec le même plan.

Il s'agit : 1° de construire le contour de la projection verticale de l'hyperboloïde; 2° de mener une suite de plans parallèles à la droite (D, D′) et tangents à la surface, et de tracer le lieu des points de contact de tous ces plans (*id.*).

10. Un hyperboloïde de révolution dont l'axe est vertical a ses génératrices inclinées de 45° sur le plan horizontal, et un cercle de gorge de 2 centimètres de rayon; il est supposé limité à deux plans horizontaux distants chacun de 5 centimètres du cercle de gorge.

On propose de trouver son intersection avec un cylindre oblique ayant pour directrice la circonférence qui limite l'hyperboloïde à sa partie supérieure, dont les génératrices seraient inclinées sur le plan horizontal comme celles de l'hyperboloïde, et dont les projections horizontales feraient avec la ligne de terre un angle de 45 degrés.

On construira la tangente en un point quelconque de cette intersection (1854).

11. Une calotte de sphère creuse repose par sa base sur le plan horizontal; le rayon extérieur de cette base est de 10 centimètres, le rayon intérieur de 3 centimètres et demi. La hauteur de la calotte, mesurée jusqu'à la surface extérieure, est de 3 centimètres.

Par le centre de la base on mène une droite dont la projection horizontale fait un angle de 45° avec la ligne de terre et la projection verticale un angle de 60°, puis on prend cette droite pour l'axe d'un cône dont le sommet est à 8 centimètres du centre de la base de la calotte et dont la section, faite perpendiculairement à l'axe et à trois centimètres du sommet, est un cercle de 1 centimètre de rayon.

Cela posé, on veut connaître l'intersection de ce cône droit avec les deux surfaces sphériques qui limitent la calotte creuse, ainsi que la tangente en un point quelconque de l'une de ces courbes. On fera une coupe par le plan des deux axes, et cette coupe devra être dégagée de toute ligne de construction, afin de représenter plus nettement l'ouverture faite par le cône dans la calotte (*id.*).

12. Données : Un tétraèdre régulier de $0^m,12$ de côté reposant sur une de ses faces sur le plan horizontal de projection. Aucun des côtés de la base n'est parallèle ni perpendiculaire à la ligne de terre; le tétraèdre est placé de manière que les projections de ses trois arêtes soient visibles sur le plan vertical de projection.

2° Une (*sic*) ellipsoïde de révolution : L'axe de révolution est vertical et porté à une distance de $0^m,025$ du sommet du tétraèdre dans un plan faisant un angle de 45 degrés avec celui de projection. Le centre de l'ellipsoïde est à $0^m,6$ au-dessus du plan horizontal. Les deux demi-axes de la méridienne ont respectivement $0^m,05$ et $0^m,03$ de longueur; le grand axe est vertical.

Il faut : 1° construire la projection du corps formé par l'ensemble de ces deux solides sur chacun des plans de projection horizontale et verticale placé comme il est indiqué ci-dessus; 2° construire la tangente au point où se rencontrent deux des coupes (*) d'intersection déterminées dans l'ellipsoïde par les faces du tétraèdre, puis les tangentes horizontales de ces mêmes courbes (1855).

13. Un cylindre horizontal plein terminé d'un côté au plan vertical de projection, et de l'autre à un plan vertical parallèle, rencontre un cône dont la base est posée sur le plan horizontal. On demande :

1° De construire les projections de l'intersection des surfaces;

2° De faire le développement de la surface du cylindre avec les transformées des bases et de l'intersection;

3° De construire les projections d'une tangente de l'intersection, et la tangente au point correspondant de la transformée de cette courbe.

On suppose que le cône est enlevé, et en conséquence sa trace et toutes les lignes qui le concernent seront pointillées.

Les bases du cylindre seront des cercles; celle du cône un (*sic*) ellipse.

Le cylindre ne sera pas perpendiculaire au plan vertical. . . . . (1860).

14. On donne un ellipsoïde de révolution dont l'axe est perpendiculaire au plan vertical de projection. On coupe cette surface par un plan, et l'on prend la courbe résultant de cette intersection pour directrice d'un cône ayant pour sommet le point le plus élevé de l'ellipsoïde au-dessus du plan horizontal. Trouver la trace de ce cône

---

(*) Probablement : *des courbes.*

sur le plan horizontal passant par l'axe de révolution de l'ellipsoïde.

Données. Le centre de l'ellipsoïde est à 90 millimètres des deux plans de projection. Le demi grand axe de l'ellipse méridienne est parallèle au plan vertical et a 70 millimètres de longueur ; le demi petit axe a 50 milli-mètres. . . . . (1863).

15. Le problème consiste à représenter la surface en-gendrée par la révolution d'une ellipse autour d'une droite située hors du plan de cette courbe.

L'axe de révolution est la droite verticale (O,O'Z). L'ellipse génératrice est donnée dans sa position initiale par les projections (ABCD, M'N') et par les traces LG, GH de son plan : ce plan est perpendiculaire au plan vertical. Le grand axe de l'ellipse ABCD passe par la trace hori-zontale O de l'axe de révolution.

On tracera le contour apparent de la surface sur chacun des plans de projection. Les deux courbes méridiennes situées dans le plan vertical OL seront entièrement con-struites, et l'on distinguera par la ponctuation celles de leurs parties qui sont vues de celles qui sont cachées.

$$\text{Ellipse ABCD} \begin{cases} \text{grand axe } AC = 90^{mm} \\ \text{petit axe } \quad BD = 44, \end{cases}$$

$$OO' = 72^{mm}, \qquad OL = 68^{mm}, \qquad OI\ (*) = 15^{mm},$$

$$\widehat{AOL} = 45°, \qquad \widehat{YGH} = 50°.$$

La droite OL est parallèle à la ligne de terre.

(*) Le point I est le centre de l'ellipse ABCD.

FIN.

TABLE DES MATIÈRES

CHAPITRE Ier.

GÉNÉRALITÉS SUR LES SURFACES.

CHAPITRE II.

GÉNÉRALITÉS SUR LES PLANS TANGENTS.

CHAPITRE III.

PLANS TANGENTS AUX CYLINDRES, AUX CONES, AUX SURFACES GAU-
CHES, AUX SURFACES DÉVELOPPABLES, ET AUX SURFACES DE RÉ-
VOLUTION.

CHAPITRE IV.

PROBLÈMES RELATIFS AUX PLANS TANGENTS.

CHAPITRE V.

SECTIONS PLANES DES CYLINDRES ET DES CÔNES.

CHAPITRE VI.

SURFACES RÉGLÉES.

Des Surfaces développables.

CHAPITRE VII.

SECTIONS PLANES DES SURFACES RÉGLÉES.

CHAPITRE VIII.

SECTIONS PLANES DES SURFACES DE RÉVOLUTION.

FIN DE LA TABLE.

Paris. — Imprimé par E. Thunot et Cᵉ, 26, rue Racine.